El desbarajuste del mundo

Mixturas de sostenibilidad

Carmelo Marcén Albero

El desbarajuste del mundo
Mixturas de sostenibilidad

PRENSAS DE LA UNIVERSIDAD DE ZARAGOZA

© Carmelo Marcén Albero
© Ilustraciones de cubierta e interior: Fernando Chavarría Asso
© De la presente edición, Prensas de la Universidad de Zaragoza
   (Vicerrectorado de Cultura y Proyección Social)
   1.ª edición, 2024

Esta publicación ha contado con el apoyo financiero y humano de la Cátedra Territorio, Sociedad y Visualización Geográfica de la Universidad de Zaragoza y del Ayuntamiento de Zaragoza, de La Comisión Sectorial Crue-Sostenibilidad, y del Vicerrectorado de Planificación Sostenibilidad e Infraestructura de la Universidad de Zaragoza.

Prensas de la Universidad de Zaragoza. Edificio de Ciencias Geológicas, c/ Pedro Cerbuna, 12 50009 Zaragoza, España. Tel.: 976 761 330
puz@unizar.es   http://puz.unizar.es

une   Esta editorial es miembro de la UNE, lo que garantiza la difusión y comercialización de sus publicaciones a nivel nacional e internacional.

ISBN 978-84-1340-861-3
Impreso en España
Imprime: Servicio de Publicaciones. Universidad de Zaragoza
D.L.: Z 1741-2024

Qui se donne au temps de sa vie, à la maison qu'il défend, à la dignité des vivants, celui-là se donne à la terre et en reçoit la moisson qui ensemence et nourrit à nouveau.

Albert CAMUS

PRÓLOGO

La Universidad, y particularmente la española, se enfrenta a nuevos desafíos sociales y medioambientales que demandan respuestas innovadoras y proactivas. Nuestras instituciones deben ser referentes de la sostenibilidad y de la transformación social en un contexto occidental donde la economía de mercado lidera la hibridación física y digital de la sociedad con la emergencia de la inteligencia artificial, los ecosistemas de datos y el desarrollo de las tecnologías de la información. Un escenario prometedor pero incierto, que debería universalizar el avance de la calidad de vida, la dignidad de las personas y de los seres vivos, y la mejora de los territorios y de sus ecosistemas.

Por ello, la Academia, además de centrarse en la innovación científica y la creación de conocimiento, debe tener alma y sensibilidad hacia la diversidad, la naturaleza, las artes, y las humanidades. En estas XXXV jornadas, bajo el título «*Universidades abiertas a la ciudadanía. Transformando el territorio a través de la sostenibilidad*», se reflexiona, desde la perspectiva de la persona, de los espacios y de los valores, sobre cuál es nuestro rol como palancas de cambio para responder de forma proactiva ante estos nuevos horizontes.

Es un momento de encuentro y de colaboración entre instituciones de formación superior, administraciones públicas y tejido empresarial para afianzar lazos e intercambiar experiencias y buenas prácticas que ayuden a transformar la sociedad y sus territorios desde la sostenibilidad social y ambiental.

En este marco se presenta el libro *El desbarajuste del mundo. Mixturas de sostenibilidad*, fruto del trabajo, la observación y la reflexión de Carmelo Marcén, maestro, mentor, divulgador y geógrafo. A través de relatos encadenados y organizados en sesenta capítulos divididos en cuatro grandes apartados, el autor reflexiona de forma transdisciplinar, con una multivisión utópica y distópica, y con un enfoque multiescalar sobre los Objetivos de Desarrollo Sostenible (ODS). Esta variedad temática le ha permitido crear una mixtura de temas, espacios y relatos que muestran el entramado complejo de la sostenibilidad, lleno de uniones, dependencias, controversias e interacciones.

El autor desgrana en sus artículos numerosos temas cruciales, entre otros la pobreza, la igualdad de género, la sostenibilidad o los perniciosos efectos del cambio climático. Siempre destacando las interacciones entre la sociedad y el territorio, la confrontación de las escalas locales y globales, la planificación, la complejidad como factor de cambio y resiliencia, o la importancia de la educación para fomentar los valores, la ética y la sensibilidad social y ambiental que afectan tanto al entorno próximo de las personas como al planeta en su conjunto.

Cada artículo ofrece una visión práctica y detallada que abre la mente y genera nuevas incertidumbres ante escenarios que no satisfacen a la mayoría de los habitantes de la Tierra. También invita al conocimiento y pensamiento crítico para valorar cómo debemos intervenir a través de la sociedad civil, las organizaciones o la práctica política. Una valoración de la sostenibilidad, entendida no solo como una meta ambiental, sino como un compromiso integral que abarca dimensiones económicas, sociales y éticas, afectando la dignidad y el derecho a una vida plena y justa para todos los seres humanos, con repercusiones en todos los ámbitos del planeta.

Destaca la importancia de la educación y la construcción de un sistema de valores para crear una conciencia social, territorial y medioambiental entre los jóvenes a través de la formación y la educación en todos los ámbitos formativos, y particularmente el universitario, preparando así a las nuevas generaciones para liderar un cambio sostenible y equitativo.

Esta obra agita las conciencias y plantea un necesario compromiso de todos los sectores de la sociedad, y particularmente de las universidades, para la transformación y la acción colectiva. Las propuestas, reflexiones y evidencias presentadas en este libro —publicadas por el autor en diferentes medios de comunicación— son una hoja de ruta para avanzar hacia un futuro más justo y sostenible, donde cada intervención, por pequeña que sea, contribuye a un cambio significativo en nuestra relación con el planeta, nuestros espacios de vida, las personas y los demás seres vivos.

Solamente nos resta agradecer su apoyo a la Cátedra Territorio, Sociedad y Visualización Geográfica de la Universidad de Zaragoza junto con el Ayuntamiento de Zaragoza, lo cual ha permitido la edición de este libro.

Ángel PUEYO CAMPOS
Vicerrector de Planificación, Sostenibilidad e Infraestructura

NOTAS PRELIMINARES DEL AUTOR

Precede a esta recopilación de artículos una cita de Albert Camus. El escritor francés nacido en Argelia y emparentado con Menorca recogió en sus novelas bastantes de las incógnitas de vida y de pensamiento que más adelante abordamos, muchas de ellas todavía nos acechan hoy. En *L'Étranger (El extranjero)* presenta a Meursault, un hombre francoargelino que se muestra pasivo y ajeno al mundo que le rodea, incluso se antoja indiferente a su propia vida, aunque reflexione muchas veces sobre ella. Tanto que no pena por la muerte de su madre ni por cometer un asesinato. Meursault termina asumiendo su condena y reconociendo su indiferencia ante el mundo. La novela tiene su tema central en el absurdo, que parece un reflejo de una sociedad carente de dirección. En su discurso de aceptación del Nobel de Literatura en 1957, Camus recordó el valor de la educación en la figura de su maestro. Por nuestra parte, terminamos las secuencias de vida que aquí recogemos con nueve artículos que invitan a utilizar la educación ambiental para entender el desbarajuste del mundo, para abordar la necesidad de cambiar nuestro modelo de vida, para impulsar un salto adelante hacia un futuro más sostenible.

El texto introductorio de Camus viene a ponderar lo contrario de lo que representaba Meursault. Dice más o menos: quien decide entregarse al tiempo de su vida, a defender lo próximo, a rescatar la dignidad de los seres vivos y a la tierra que lo sustenta, recibe tal cosecha que le da para seguir sembrando y nutrir la existencia propia y ajena. Así pues, sin ser aludida, la sostenibilidad/coexistencia colectiva es una imagen global sometida a incógnitas varias.

Ese sentido tiene la selección de escenas y escenarios que aquí se presenta. Una amplia imagen de la vida, pero aun así incompleta. La sustentan artículos publicados por el autor en los últimos años. No para desagradar ni agradar, sino para desasosegar; esa es mi intención, de la que me previno más de una vez la lectura de lo dicho por José Saramago. Si bien, la relación de pulsiones de vida, eso quieren ser mis escritos, empieza por uno del año 2014 dedicado a Amin Maaluf. El intelectual libanés, en la entrega de los Premios Príncipe de Asturias (2010), vino a anticiparnos lo que ahora ya todos sabemos, por más que algunos lo nieguen. A pesar de las evidencias hay gente descreída: la verdad escuece porque desequilibra sus discursos o comercios. Todo vale para defender tiempos remotos. Lo vio bien Mario Benedetti cuando expresó con sencillez una gran incógnita sobre nuestro desbarajuste como especie global: cuando creíamos que teníamos todas las respuestas, de pronto, cambiaron todas las preguntas.

Sostenía Maaluf en *El desajuste del mundo* (2009) que habíamos entrado en este siglo nuevo sin brújula. Él se consideraba un partidario de la diversidad armoniosa, a la vez que lamentaba que no le quedaba más remedio que presenciar, impotente, cómo crecían el fanatismo, la violencia, la exclusión y la desesperación. Qué decir de su visión global en *El naufragio de las civilizaciones,* una especie de metáfora de su país y del mundo, visible en la crisis de fragilidad acelerada a partir de 1979 por la eclosión de la revolución conservadora, desde el Reino Unido hasta Irán. Necesitábamos entonces, y mucho más ahora tras pasar graves estragos, voces como la de ese enamorado de la vida múltiple, que no quería resignarse ante la aniquilación que la acechaba. Se preguntaba en *Nuestros amigos inesperados* (2020), que comienza con un gran apagón, si no sería una buena ocasión para resetear el mundo y empezar de cero. Siquiera para retroceder todos juntos en el nivel de incompetencia ética que veía por todos los lados. ¿Acaso no avanzaba algo sobre lo que se asentaron los ODS (Objetivos de Desarrollo Sostenible)?

Maaluf nos anima a repensar quiénes somos y hacia dónde vamos, a reimaginar soluciones creativas. No nos bastará con avanzar a trancas y barrancas, rodeando unos cuantos obstáculos y dejando que el tiempo vaya solucionando las cosas; en ese proceso el tiempo no es nuestro aliado. Esta selección de artículos que aquí se presenta resume en parte la visión de un recopilador de imágenes ante el nuevo siglo; algo parecido en la intención que no en la dimensión ética a lo que él hizo en varios libros. Quien firma estos artículos tuvo la fortuna de publicarlos en distintos medios de comunicación o blog: «La Cima 2030» de 20minutos.es, «Ecoescuela abierta» de *El Diario de la Educación,* «El Asombrario & Co» de *Público, Heraldo de Aragón* y su suplemento de ciencia «Tercer milenio» y *Ecos de Celtiberia.es.* Al final del libro se incluye una relación de la fecha y el medio en el que fueron publicados cada uno de los artículos. Por esta selección fluyen metáforas que dibujan un mundo ciertamente desbarajustado. Pues, entre civilizaciones y globalizaciones se ha llegado a un escenario social que no ha hecho más felices a la mayor parte de los individuos; ante el cual casi se desea un gran apagón que nos haga pensar las oscuridades y resetearnos de inmediato. Tal es el despiste actual que ni siquiera una mayoría significativa de gente piensa que «el bien ser», que defendía Emilio Lledó, deba saltar de la esfera individual, de la epidermis que nos limita, al ámbito colectivo.

No se busque aquí, por parte de quienes desean una transición ecosocial, una capacitación perfecta para entender el todo, espacial y temporalmente, o sea, la sostenibilidad. En este recopilatorio de artículos se aportan deseos y lamentos, opiniones subjetivas, junto con datos o hechos que en su tiempo sí que llamaron la atención de buena parte de la gente de ciencia —también desde el espectro social que va de la ciudadanía a algunas instancias— sobre los efectos que podían causar. Componen una multivisión utópica del autor, plena de distopías sin confirmar que no hacen sino confundirnos. Porque la sostenibilidad es, en realidad, un conjunto de muchos ámbitos (sociales, ambientales, económicos) que interaccionan en el espacio tiempo con ideologías, más o menos democráticas.

En verdad, la sostenibilidad compone una mixtura difícil de aislar en uno de sus componentes. Lo que sigue detrás se podría llamar mezcla, combinación, miscelánea, amalgama, conjunto o mezcolanza. A la vez, por su intención transformadora podría ser una medicina o bebedizo mental que el autor desearía fuese el elixir del mundo nuevo, en un concepto diferente de convivencia y desarrollo. ¿O acaso se trata simplemente de un incompleto repositorio? En cierta manera, se ha intentado abrir ventanas por donde mirar dentro, como aconsejaba el controvertido Henry Miller, para que los posibles lectores se sientan parte de las caricias y reniegos que fluyen por los textos; para que se pregunten sobre su presencia en este mundo y no sean tan pasivos como el de Meursault de Camus.

En estas páginas se presenta una secuencia, formada por detalles de la cultura ecosocial global, con sus aciertos y despistes. Escrita con tono de alerta, con algunas reprobaciones, pero siempre intentando guiar para ampliar la información que sostiene nuestra selección. Son visiones del autor, elaboradas con juicios propios y ajenos. El hecho de que Prensas de la Universidad de Zaragoza las recoja en un libro no supone que todas las hipótesis planteadas sean asumidas por la Universidad. Se han recogido casi tal cual fueron publicadas inicialmente. La intención es que ayuden al debate sobre la sostenibilidad y sus acciones transicionales hacia un mundo con menos desajustes, lo cual sí es un deseo compartido entre dicha Universidad y el autor.

La sostenibilidad es un entramado complejo de uniones e interacciones, una evolución sincrónica y diacrónica, que viaja por el mundo con intenciones y magnitudes diversas. Abarcarla en su conjunto no es sencillo. Llega mucho antes a unas mentes que a otras, lo cual motiva acciones contradictorias; mezcla y amalgama presentes con futuros, muy diversos en sus horas de luz u oscuridades varias. Siendo un todo, se presenta parcializada por operatividad en cuatro grupos, como queriendo resaltar alguna propiedad que une los artículos y guiar en parte su lectura. De las muchas acotaciones del concepto/idea/deseo de sostenibilidad que se han formulado recomendamos por su dimensión educadora, dado que estamos en el ámbito universitario, la que presenta GreenComp,[1] en un formato de definición operativa:

> Por *sostenibilidad* se entiende la priorización de las necesidades de todas las formas de vida y del planeta, procurando que la actividad humana no supere los límites planetarios.

---

1   Comisión Europea, Centro Común de Investigación. *GreenComp, El marco europeo de competencias sobre sostenibilidad,* Oficina de Publicaciones de la Unión Europea, 2022, <https://data.europa.eu/doi/10.2760/094757>.

En consecuencia, con lo apuntado anteriormente, GreenComp anima dentro de los aprendizajes para la enseñanza formal (obligatoria y posobligatoria, que aquí ampliamos a la no formal e informal) a construir una amplia competencia en sostenibilidad, a escala individual y colectiva que:

> Capacite a las personas para que representen valores de sostenibilidad, para que aprecien sistemas complejos, con el fin de adoptar o solicitar medidas que restablezcan y mantengan la salud de los ecosistemas y mejoren la justicia, y así generar visiones para futuros sostenibles.

Se observará que a lo largo de los artículos —recogidos tal cual fueron publicados por lo que puede que se repitan reflexiones y mensajes— aparecen múltiples referencias. Se han conservado todas porque en el momento en que se redactaban los artículos pretendían ayudar a lectoras y lectores a ampliar la información proporcionada o las ideas manifestadas. Se han añadido unos pocos enlaces nuevos a la hora de redactar esta selección; aquellos que aportaban nuevas visiones o dimensiones a lo dicho anteriormente.

Fluye por varios artículos la disonancia cognitiva,[2] evidente al intentar unir lo que vemos con cómo nos comportamos. No solo lo decimos nosotros, pero sea por lo que fuere parece que nuestra querida Tierra se ha convertido en un planeta inhóspito[3], al que, sin duda, debemos mirar con una intención transicional.

En esto de la sostenibilidad observamos a menudo que los políticos, empresarios y los medios de comunicación juegan con la verdad; más bien hacen malabares que despistan al público. Hay gente por ahí que le tiene una inquina especial a la Agenda 2030, tanto que empuja para que desaparezca de los papeles oficiales y así poder celebrar con algarabía sus exequias.[4] Sabemos que toda intención global del buen ser y bien vivir, estilo Lledó, va perdiendo facultades con el tiempo. Pero me atrevo a preguntar a los enemigos de la sostenibilidad si no querrían para ellos, sus amigos, familiares y conocidos que no

---

2 <https://www.ugr.es/~aula_psi/TEOR%CDA_DE_LA_DISONANCIA_COGNITIVA.htm>.

3 D. Valace-Wells. «Planeta inhóspito». Ethic, 43, nov. 2019. <https://ethic.es/articulistas/david-wallace-wells/>.

4 J. Lisbona (8/03/2024). <https://www.heraldo.es/noticias/aragon/zaragoza/2024/03/08/vox-pide-eliminar-las-referencias-a-la-agenda-2030-y-la-prohibicion-de-aparcar-motos-en-las-aceras-de-la-ordenanza-de-movilidad-1716947.html>.

pasen hambre, que la pobreza no visite sus familias, gozar de plena salud y educación de calidad... ¿De verdad que no desean nada de esto para la gente que más desigualdades soporta por todo el mundo en su presente futuro?

La sostenibilidad sería algo parecido a una malla irregular, con un millón de nudos, y partes ya rotas que abarca a todo el mundo. La pena es que se vendió como la solución a todos los problemas locales y globales igualándonos en condiciones de vida en el año 2030. ¿Acaso no se pecó de ilusos? Hay demasiados intereses circulando por la política y la economía que lo iban a poner difícil. Pero el silencio ante estas dinámicas sociales nos hace cómplices, por eso se redactaron en su día los artículos. Por cierto, si se alude en ocasiones a algún partido político español o europeo, a cierto sector económico o energético, lo es por su interés expresado en la cuestión tratada. Al recopilador de texto le pesa demasiado la dimensión ética de la sostenibilidad.

Lo que sigue detrás son las notas tomadas por un observador que quiere presentar a la comunidad universitaria un devenir subjetivo de la socioecología. Algo así, salvando las distancias de estilo y composición, como el relato de José Cadalso en sus *Cartas marruecas* o parecido en intención a lo que contaba Italo Calvino en sus relatos de *Las ciudades invisibles*. En ambos casos se manifestaba una y otra vez la dinámica ecosocial. Los artículos seleccionados se parecen a la primera obra en que, en cierta manera, tienen una dimensión epistolar, como si el autor quisiera avisarle al lector de algo que puede o suele no ver. Pretendidamente son una invitación al conocimiento y al pensamiento crítico para valorar lo propio y aquello que emerge tanto de la sociedad, de sus organizaciones, como de la política próxima o más lejana. Con cierto atrevimiento diría que se ha pretendido transmitir un mensaje didáctico, reminiscencias de mi divulgada trayectoria como profesor. Si de paso los lectores y lectoras aprendían o reflexionaban sobre variadas temáticas socioambientales mucho mejor; si lo hacían mientras se entretenían, habríamos logrado influenciar algo sus expectativas de vida en común.

En *Las ciudades invisibles,* un rememorado Marco Polo dialoga con Kublai Khan, emperador de los tártaros. Ese personaje ha entrado en un proceso melancólico, como varios estamentos o personas de ciencia y la sociología actual. Actualmente, ambos grupos de pensamiento se lamentan de que el mundo camina hacia la ruina, al menos a aumentar sus venideras incertezas; a pesar del poder de transición que posee. Ese viajero imaginario —representado aquí tanto en el articulista como en la cantidad de organizaciones o personas a las que alude— habla de ecosistemas imposibles, o necesidades del crecimiento ilimitado que nació hace miles de años en dimensión de subsistencia y va ensanchándose de tal manera que conforma intersecciones varias que ponen en cuestión, a veces en suspenso límite, el futuro compartido.

En cierta manera esta recopilación evoca una idea intemporal de la globalidad del mundo. Además, intenta desarrollar, de manera unas veces implícita y otras explícita, con relatos cortos o artículos largos, una discusión sobre el presente futuro del planeta global que es el resultado de múltiples interacciones. Intenta hacer ver que la ecodependencia y la interdependencia son los argumentos que escriben y escribirán la vida futura, en un planeta marcadamente entrópico. Cuesta mucho convencer a la gente de que hay que «poner límites al crecimiento sin límites»: origen y final de muchas desigualdades actuales. De eso hablamos mucho en esta recopilación. Por eso, soñamos con que algún día, y en muchos lugares del mundo, la sociedad global haga suya aquella intención expresada por José Mújica, el expresidente uruguayo: «No soy pobre, soy sobrio, liviano de equipaje, vivo con lo justo para que las cosas no me roben la libertad».

Por eso, este observador se ha limitado a contar a su manera lo escrito a favor o en contra de un mundo socioecológico, en (re)construcción en la esfera global. Sin duda, prevalece como nexo común una subjetiva ética ecosocial, especialmente en su intención educativa, para que huya de las concepciones del yo centradas en el ser humano; para que enfrente sus propias opiniones con las realidades ecológicas que son visibles en el presente futuro. Porque nos tememos que el alejamiento de la «sociedad de todos los seres» es la causa fundamental de nuestras crisis ecológicas actuales.

Por otra parte, se incluye al final la relación entre los artículos seleccionados con los ODS que se podrían entender implicados, así como el medio de comunicación en el que fueron publicados y la fecha de inserción.

I
GRANDES IDEAS, UNAS DE CERCA
Y OTRAS QUE DAN LA VUELTA AL MUNDO

Donde no hay esperanza debemos inventarla.

Albert CAMUS

No hay barrera, cerradura ni cerrojo que puedas imponer a la libertad de mi mente.

Virginia WOOLF

Sucesos y emociones; esperanzas

1. El desbarajuste del mundo

El título es prestado, algunas de las ideas también. Podrían pertenecer a cualquiera que se pregunte si esta civilización occidental, que ha logrado imponer su modelo hasta a los chinos, ha triunfado; o si su victoria parcial significa un fracaso. Tanto el título como las incógnitas son un remedo de lo que expresó Amin Maalouf, el libanés galardonado con el Premio Príncipe de Asturias de las Letras en 2010, a quien en su tiempo se dedicó esta entrada. Su discurso en la entrega de los premios supuso una llamada de atención existencial.[1] Se congratulaba de la extrema diversidad del mundo. A la vez, lamentaba la falta de respuestas a cuestiones trascendentales para el devenir global. Alertaba de que no nos preocupa conocer el tipo de sociedad que queremos construir, en qué valores la hemos de sustentar y cómo vamos a utilizar los recursos para saber vivir todos juntos; para que nuestra diversidad deje de ser calamidad y se convierta en provecho. Contaba que la diversidad en sí misma no es una bendición ni una maldición, es simplemente una realidad, un mosaico con innumerables matices.

Parecía que el siglo xxi iba a ser el de la madurez, auxiliado por la cultura universal de la mano de las nuevas tecnologías. Pero hemos consumido trece años del nuevo siglo y seguimos sin brújula, más o menos como lo empezamos. Hemos enarbolado muchas banderas, más bien la nuestra muchas veces, sin reparar siquiera en el color de la de nuestros posibles interlocutores. A la hora de poner remedio a los males futuros, la supervivencia excluyente ha podido demasiado. Cuesta creer que todavía haya gente que niegue la evidencia de unas alteraciones climáticas —llamémoslas cambio o como queramos— que van a provocar tragedias y desplazamientos masivos de población en un futuro cada vez más cercano. Como muchos no disponemos de la completa legitimidad científica, no podemos añadir certezas absolutas a estas previsiones. Nos cuesta abandonar todo en manos del porvenir. Nos preocupa que cada vez haya más gente afectada por episodios dramáticos relacionados con pulsiones meteorológicas. Y en eso no erramos, solamente hay que revisar lo que día tras día recogen los medios de comunicación.

---

1   <https://www.youtube.com/watch?v=IkbkavOUaIo>.

Qué habrá sucedido para que, en noviembre del 2013, el Banco Mundial recomiende a las grandes economías del mundo adoptar un sistema de ayudas urgente —el llamado mecanismo de pérdidas y daños— para socorrer a los países afectados por fenómenos climáticos extremos (sequías, inundaciones y tifones). Querríamos pensar que ha aumentado la conciencia global, pero parece que no; al menos la Conferencia de UN sobre el Cambio Climático celebrada en Varsovia no lo reconoció.[2] Puede que existan otros motivos más económicos: hay que ahorrar una parte del dinero destinado a paliar los efectos de las catástrofes. El Banco Mundial cuantifica en unos 150 000 millones de euros anuales lo que destina a la preparación para paliar efectos y a reparar los destrozos. Su presidente incluso señala que el mundo no puede «permitirse el lujo de poner fuera de su plan de acción la reducción de las emisiones de efecto invernadero, la ayuda a países para prepararse para el cambio climático o los riesgos de los desastres». Porque, además, pueden desatarse grandes cambios de repente.

A quien esto escribe le cuesta creer algunas voces premonitorias que dicen que nuestra civilización se agota. Se resiste a reconocer que entidades y personas públicas hayan sobrepasado el nivel de incompetencia ética, que los ciudadanos no tengan memoria y no piensen en sus hijos e hijas, en sus nietos. Siempre es un buen momento para recuperar la credibilidad ética[3] y poner en marcha actuaciones correctoras del despiste ambiental que nos amenaza; lo que algunos llaman la sociedad de lo desechable.[4] Si el cataclismo climático no se produjese, habríamos conseguido beneficios por la adaptación de hábitos y la reducción de emisiones a la atmósfera, y una clara mejoría en la salud global. En ese caso, quienes escribimos del tema tendríamos que pedir disculpas por haber sido tan insistentes. Pero si llegara, es mejor haber cambiado nuestros comportamientos. Se habrán reducido sus efectos y nos adaptaremos mejor a las nuevas situaciones.

---

2   <https://unfccc.int/files/press/press_releases_advisories/application/pdf/pr20132311_cop19close_es.pdf>.

3   S. Grimaldi (2018). *Zygmunt Bauman: ¿Tiene la ética una oportunidad en un mundo de consumidores?* Instituto John Henry Newman - UFV Madrid. (26/06/2018). <https://institutojohnhenrynewmanufv.com/zygmunt-bauman-o-si-la-etica-posibilidad-de-la-etica-en-un-mundo-de-consumidores/>.

4   M. Arboccó. «La sociedad de lo descartable y otras vicisitudes del mundo postmoderno». *Revistas de la Unife. Consensus* 22 (1) 2017. DOI: <https://doi.org/10.33539/consensus.2017.v22n1.993>.

Porque en verdad, lo que nos honrará a todos será, como nos recordaba Maalouf, la apuesta por comprender las complejidades vitales de nuestra época, así como el deseo de imaginar soluciones para que sea posible seguir viviendo en nuestro mundo menos desbarajustado. El escritor acababa el citado discurso alertando de que no disponemos de un planeta de recambio, «solo tenemos esta veterana Tierra, y es deber nuestro protegerla y hacerla armoniosa y humana».

2. La pobreza en el ADN de los ODS

En demasiadas ocasiones, porque no nos afecta o incomoda, lo evidente se hace imperceptible. Sucede a menudo con la pobreza. En su dimensión, múltiple y concreta, se combinan dos interrogantes básicos sobre los que nos gustaría decir algo. Uno, el hecho de que no sea natural; de que, al ser creada por los seres humanos, pueda ser revertida, ser erradicada por ellos mismos. Así se expresaba el Nobel sudafricano Nelson Mandela. El otro habla de que no son más pobres quienes tienen poco, sino aquellos que desean más y más y nunca les alcanza, que decía José Mújica, el expresidente de Uruguay. Percepción y reversibilidad son dos ideas claves en el ADN de los ODS (Objetivos de Desarrollo Sostenible).

Conseguir el fin de la pobreza[5] es el ODS que podría ser más determinante, y por algo se habrá colocado en el primer lugar, como si su erradicación fuera lo más importante; que lo es para mucha gente. No hay que desdeñar la relación consustancial que tiene con los demás. Repasémosla. Acaso el fin de la pobreza (Ob. 1) consiga reducir el hambre a cero (Ob. 2) y sea un exponente de salud y bienestar general (Ob. 3) como lo será que todos los niños y jóvenes disfruten una educación de calidad (Ob. 4), que la misma eliminación de la pobreza sea visible independientemente del género (Ob. 5). Sin duda, el acceso universal al agua y saneamiento (Ob. 6) será otro indicador más, como el disfrute de energía sostenible y no contaminante (Ob. 7), el derecho a un trabajo digno (Ob. 8) o la reducción de las desigualdades (Ob. 10). En este deseado escenario, las ciudades y comunidades serían sostenibles (Ob. 11), sus habitantes disfrutarían de una producción y consumo responsables (Ob. 12).

---

5   <https://www.un.org/sustainabledevelopment/es/poverty/>

Todo en el contexto de una permanente acción ante la crisis del clima (Ob. 13), en búsqueda de la paz, justicia e instituciones sólidas (Ob. 16) que son resultado de alianzas para hacer realidad esos objetivos (Ob. 17).

Por eso, nos gusta el título del último informe del Banco Mundial sobre la pobreza. Es del año 2018 y muestra en su portada todo un mensaje de acción ética, «Juntando el rompecabezas de la pobreza»,[6] dentro del genérico *Pobreza y solidaridad compartida.* Seguro que casi todas las personas nos adheriríamos al deseo manifestado en el ODS 1: Fin de la pobreza. Pero el camino hacia él será largo y difícil. No estaría de más conocer las causas tal como nos las explica Oxfam-Intermon.[7] Anotemos:

— Modelo comercial multinacional

— Corrupción

— Cambio climático

— Enfermedades y epidemias

— Desigualdades en el reparto de recursos

— Crecimiento de la población

— Conflictos armados

— Discriminación de género

— Despilfarro de alimentos

— Desinterés de los países desarrollados por acabar con la pobreza

Avergüenza a cualquier ciudadano leer que Unicef[8] asegura que España soporta las cotas más altas de pobreza infantil entre los países industrializados.

No debemos descuidarnos en conseguir la pobreza cero; mucha gente lucha ya por ello, como nos cuenta la ONG Pobreza Cero.[9] ¿Algo podremos hacer todos después de leer esto? Al menos no se nos hará imperceptible de

---

6   <https://www.worldbank.org/en/publication/poverty-and-shared-prosperity>.
7   <https://blog.oxfamintermon.org/las-causas-de-la-pobreza-en-el-mundo/>.
8   *Report Card núm. 11.* Resumen de prensa <https://www.unicef.es/prensa/la-pobreza-infantil-en-espana-entre-las-mas-altas-de-los-paises-industrializados>. Informe completo. <http://www.unicef.es/sites/unicef.es/files/Bienestarinfantil_UNICEF.pdf>.
9   <https://www.pobrezacero.org/about/>.

ahora en adelante —en caso de que así sucediese—, y nos ayudará a pensar si la pobreza es algo natural —consustancial con el deseo humano de poseer— o no. Leímos el año pasado en un artículo de *El País:*[10] ser pobre es una experiencia sumamente vergonzosa que degrada la dignidad y la sensación de autoestima de la persona. Aunque las manifestaciones y las causas de la pobreza son variadas, la humillación que la acompaña es universal. Es más, el artículo comentaba un estudio de la Universidad de Oxford en el que concluía que las personas que sufren penurias económicas —también los niños— soportan casi el mismo menoscabo en su orgullo y autoestima, sea en China o en el Reino Unido. En cualquier caso, el asunto no debe figurar en el ADN de la especie.

Esto no es nuevo. Ya nos avisaba el indio Amartya Sen,[11] que ganó el Nobel de Economía en 1998 por sus trabajos sobre el bienestar. Se ocupó como nadie de definir el fenómeno de las hambrunas. Sostenía que no se producen nunca cuando hay libertades políticas. Abogaba por la acción de una prensa independiente, empeñada en crear un estado de opinión que haga impensable que los gobiernos no se inmuten ante este gravísimo problema.

Y no lo olvidemos: nos sentará mucho mejor, al cuerpo y al espíritu, la pobreza y la solidaridad compartidas. Hasta el Banco Mundial nos lo dice.[12]

3. La igualdad de género busca la Cima 2030

La progresiva y contundente igualdad de género es un requisito indispensable para alcanzar la Cima 2030; no solo es así porque lo formule el ODS 5[13] —en el sentido de su trascendencia para tirar de los demás propósitos—, sino porque en un contexto de crisis se necesitan todas las energías posibles, y las mujeres han dado muestras de sus grandes capacidades en múltiples casos problemáticos.

---

10   K. Roeelen (2018). «La vergüenza encadena a los pobres». *El País* (12/02/2018). <https://elpais.com/elpais/2018/02/07/planeta_futuro/1517984983_877053.html?event_log=oklogin>.

11   BID (Banco Interamericano de Desarrollo). *Amartya Sen y las mil caras de la pobreza* (1/07/2001) <https://www.iadb.org/es/noticias/amartya-sen-y-las-mil-caras-de-la-pobreza>.

12   <https://www.bancomundial.org/es/topic/poverty/overview>.

13   <https://www.youtube.com/watch?v=RTD87hLwbWQ>.

Nos atreveríamos a decir que el camino más adecuado para conseguir la igualdad de género lo marca la educación recibida y atesorada, tanto en un sistema reglado como en una sociedad culturalmente positiva. Seguro que esta afirmación la compartirían millones de personas bien intencionadas.

Veamos lo que dice el reciente *Informe GEM 2019*[14] de la Unesco. Lleva un subtítulo tan sugerente que aboga por construir puentes para la igualdad de género. Resalta que, en el conjunto mundial, más de la mitad de la ayuda a la educación del G7 se destina a la consecución de la igualdad de género, con países especialmente involucrados como Canadá.[15] Pero esto no deja de ser una cifra.

Desde hace unos años la Unesco se empeña en demostrar que una educación continuada y de calidad constituye la mejor estrategia para enfrentarse a los complejos desafíos del futuro mundial, que cada día llega antes. Para ello es necesaria una educación universal, permanente a lo largo de la vida. La educación está en el centro de los ODS para 2030.

Dentro de ella, la educación de género tiene una doble intención: por un lado, la completa educación de niñas, jóvenes y mujeres como un derecho humano universal, todavía no logrado. Por otro, es un requisito indispensable para cualquier país que quiera un desarrollo sostenible y que aspire a que este se consolide en un espacio de paz.

En estos tiempos de quejas colectivas por lo que pasa aquí, pongámonos delante del espejo y pensemos que nos encontramos personalmente ante alguna de estas situaciones:

- Somos parte de la alta tasa de abandono escolar, y de graduación, que soportan niñas y jóvenes en la enseñanza obligatoria de muchos países.

- Conocemos, o sufrimos, la violencia sexista que nos inutiliza el acceso a la escuela, como a las niñas en más del 25 % de los países.

---

14   Unesco (2019). *Migración, desplazamiento y educación: construyendo puentes, no muros*. <https://es.unesco.org/gem-report/node/1878>.

15   <https://equalityfund.ca/policy/seguimiento-de-los-fondos/>.

- Vemos deteriorada nuestra educación por la necesidad de atender a tareas domésticas familiares, cosa que no hacen los chicos.

- La escuela a la que deberían ir no dispone de instalaciones adecuadas para resolver la higiene menstrual de las jóvenes; otras ni siquiera están equipadas con baños para el lavado de manos con agua y jabón.

¿Cómo nos vemos en el espejo?

Debemos ser conscientes de que la paridad educativa en Primaria todavía está lejos en más de un tercio de los países, en más de la mitad en Secundaria, especialmente en el segundo ciclo de esta.

Ante semejante situación de desigualdad de género en algo tan básico como la educación, habrá que insistir mucho ante las autoridades para conseguir que la igualdad de género sea visible en la reforma curricular y quede recogida en los libros de texto. Sin duda, la educación debe hacer hincapié en la participación de las niñas en los programas de ciencia, tecnología, ingeniería y matemáticas. Pero, sobre todo, hay que conseguir el acceso seguro de las niñas a las escuelas.

Por ahora, la igualdad de género también marca un horizonte difuso en la Agenda 2030,[16] con perfiles poco nítidos en ciertas escalas de los países ricos. Se teme que 4 de cada 10 chicos y chicas saldrán de la escuela sin haber conseguido graduarse en Educación Secundaria. Por cierto, no podemos dejar de conocer los informes GEM de la Unesco de los años precedentes.

4. La UE suspende en sostenibilidad

Mal que nos pese, la conciencia verde, que hizo evidentes progresos desde que eclosionó en el último tercio del siglo XX y tomó sentido en la sociedad, no ha podido desprenderse de la querencia por lo bonito. Algunos ciudadanos empezaron a sentir el latido del medioambiente, a creer que formaban parte de él, a no verlo únicamente como un recurso para pro-

---

16   Unesco (2019). *El mundo no está en camino de cumplir sus compromisos de educación para 2030* <https://world-education-blog.org/es/2019/07/09/el-mundo-no-esta-en-camino-de-cumplir-sus-compromisos-de-educacion-para-2030/>.

porcionarles más cosas y antes. Diversas ONG acogieron a esas personas y lanzaron voces reflexivas y críticas hacia la sociedad. Los gobiernos, atentos a lo que los ciudadanos manifestaban, pero sobre todo conocedores de variables ambientales preocupantes, comenzaron a diseñar políticas que pretendían mejorar el despreocupado atraco ambiental anterior. La cosa iba despacio, la verdad. Quizás no se entendía muy bien la dimensión de los crecientes problemas. Incluso daba la impresión de que cada cual iba a lo suyo: unos pocos hacían algo por limitar los atropellos, muchos ignoraban sus debilidades. Además, no faltaban personas y países que incrementaban cada vez más rápido sus cargas al medioambiente propio y de los demás.

Alguien por ahí se dio cuenta de que antes, durante y después, dentro de las nuevas problemáticas, había personas. Entre los organismos internacionales fue la ONU, allí donde se limitan algo los desgobiernos de todo el mundo, el escenario elegido para vislumbrar que el acelerado destrozo ambiental y social exigía una acción colectiva, mejor coordinada y consensuada, con plazos y actuaciones. Todo esto, después de mucho tiempo y continuos tira y afloja, se concretaba en unos Objetivos de Desarrollo Sostenible (ODS).[17] Por el bien mundial, había un marco teórico para avanzar; el tiempo dirá si lo ha sido o no. De esto ya hemos hablado repetidas veces aquí, luego vamos a examinar cómo va el asunto por ahora.

Apetece darse una vuelta por la Unión Europea, un escenario de los más convencidos para abordar de una vez los problemas ambientales y sociales, para ver cómo va el asunto de los ODS. Para ello qué mejor que leer el informe *Europe Sustainable Development Report 2019*,[18] publicado por la Red de Soluciones para el Desarrollo Sostenible (SDSN, por sus siglas en inglés) y el Instituto de Política Ambiental Europea (IEEP). Habla en detalle sobre el estado de la cuestión. Además, aporta unos cuadros de indicadores para medir el progreso de los estados miembros. La afirmación que se subraya al comienzo deja en suspenso el futuro: ninguno de los 28 países de la Unión Europea está en camino de cum-

---

17 <https://www.un.org/sustainabledevelopment/es/objetivos-de-desarrollo-sostenible/>.
18 <https://reds-sdsn.es/informe-ods-ue/>.

plir los Objetivos de Desarrollo Sostenible (ODS) para 2030, a pesar de que la UE lidera en el mundo el proceso de aproximación a los ODS.

Continúa subrayando el informe, casi transcribimos textualmente lo que dice, que son Dinamarca (puntuación 79,8), Suecia y Finlandia los países más cercanos al cumplimiento de los ODS, seguidos de Francia, Alemania y Austria, mientras que en el extremo contrario se encuentran Bulgaria, Rumanía y Chipre (55,0). España se emplaza en el puesto 14 (66,8), en un término medio que sirve para consolar a unos y para alertar a otros.

Apuntemos los mayores desafíos pendientes en la UE: acciones para paliar la emergencia climática, políticas de salvaguarda de la biodiversidad y tránsito hacia una economía circular; sin olvidar que hay que luchar más y mejor contra las desigualdades que afectan tanto a unos países en relación con otros como a grupos de personas dentro de cada país. El informe recomienda el urgente desarrollo de una estrategia, a escala de toda la UE, para descarbonizar completamente el sistema energético en 2050, fortalecer desde ahora mismo la economía circular. Además, aconseja la promoción del uso sostenible de la tierra y una cuidadosa producción de alimentos, la transición hacia sostenibles modelos productivos y comerciales, en el año 2050. También llama la atención sobre la necesidad de aumentar la inversión pública y privada en infraestructura sostenible, que pasa por el racional uso de la energía y las mejoras del transporte. No se olvida de recomendar el incremento de la inversión en educación, capacitación e innovación, con un enfoque especial en ciencia, tecnología, ingeniería y matemáticas y en investigación de tecnología sostenible. También quiere hacer llegar al fondo, al principio de todo: que la Unión Europea debe ser sostenible en sí misma, pero además ha de situar el desarrollo acorde en el centro de su actividad diplomática y en el área de la cooperación.

La UE falla también en el desempeño de alianzas internas y externas, ODS número 17, si exceptuamos a Suecia y Dinamarca. Muy mal también en el ODS número 2, Hambre cero —ningún país alcanza los objetivos perseguidos—; quedan desafíos importantes en Chequia y Lituana, pero también, lo que no deja de ser sorprendente, en España, Bélgica y Países Bajos. En Trabajo digno, ODS número 8, los países del Sur tienen mucho que avanzar. No digamos el desastre que presenta el informe sobre el ODS número 14, que habla de la vida bajo el agua.

Merece la pena visitar los mapas interactivos[19] que se incluyen en el informe. Allí se diferencian por países y ODS los logros y los desafíos pendientes. Se dice que el Pacto/Acuerdo Verde Europeo (European Green Deal) puede ser «la piedra angular de la implementación de la Agenda 2030». Por ahora, deseos no faltan, esperanzas las justas, y confianzas todavía pocas. Para armonizar todo será necesaria una alta implicación de las instituciones, empresas, agentes sociales y ciudadanía. El empeño es cosa de todos, los beneficios también. Este lema debe permeabilizar la vida para atar alianzas. Veremos.

5. España balbucea en sostenibilidad

Durante los últimos meses, en España brilla un disco. Todo lleva el calificativo, apelativo si se quiere ser más justo porque supuestamente pretende influir en quien lo escucha, de sostenible o sostenibilidad; ambivalentes términos sujetos a controversias conceptuales y no digamos a acciones contradictorias. Pero mucha gente y bastantes empresas no pronuncian bien esa idea, o no entendemos lo que dicen quienes observamos con detalle; por eso nos atrevemos a decir aquí que España balbucea sostenibilidad. Pongamos, por ejemplo, el asunto de la emergencia climática, mucho se dice y poco se hace. O si lo quieren el crecimiento económico, el PIB, que manda hasta en la sopa, cuando debería ser el IDH u otros índices. Pasa el tiempo, el año 2030 viene acelerado; si se sigue hablando con esta pronunciación dificultosa, tarda y vacilante, qué pensamientos no habrá detrás. Al final, por unos u otros, la vida se nos hará insostenible. Si no lo creen, revísenlo en el futuro.

En una anterior entrada en nuestro blog, dábamos cuenta de que la UE suspende clamorosamente en sostenibilidad. España, que gana a algunos países perezosos o con políticas perversas, va por detrás de la media en muchas cuestiones. Ante el estado de la cuestión hay quien se consuela; otros como las ONG ambientalistas y sociales se desesperan. Menos mal que la actual vicepresidenta del negociado global suele hablar con claridad; damos la bienvenida a la secretaría de Estado para la Agenda 2030.

---

19 *Informe sobre el desarrollo sostenible de Europa 2023/24.* <https://eu-dashboards.sdgindex.org/>.

Vayamos por partes en los ODS, por orden en el análisis, aunque sabemos que los objetivos y metas marcados para el año 2030 tienen múltiples interacciones. Por eso se inventó/diseñó lo de la Agenda 2030, de la cual hablaremos largo y tendido, pues todas las administraciones deben redactar una e ir rellenándola de verdad; cosa que no siempre hacen. Se inventan acciones cansinas, recopilan cositas puntuales, pero ni unas ni otras responden a una verdadera, reflexiva y efectiva Agenda 2030 de la Sostenibilidad. Su sistema orgánico-político-administrativo-ideológico lo impide; de tal forma obran, que parecen «antisistemas del futuro».

En el *Europe Sustainable Development Report* de noviembre pasado, España se encuentra en el lugar 14, de 28 países, con una puntuación de 66,76. Pero mejor, desglosemos su posición por ODS. Los resultados son: quedan grandes desafíos en Hambre cero, Trabajo decente y crecimiento económico, Protección de la vida submarina, Vida de los ecosistemas terrestres. Todavía son necesarios cambios significativos en: Fin de la pobreza, Educación de calidad, Energía asequible y no contaminante, Industria, innovación e infraestructuras, Reducción de desigualdades, Ciudades y comunidades sostenibles, Producción y consumo responsables, Acción por el clima, y Alianzas para lograr los objetivos. En el resto de los ODS: Salud y bienestar, Igualdad de género, Agua limpia y saneamiento y Paz, justicia e instituciones sólidas, todavía hay desafíos marcados en las metas de los ODS que faltan por lograr. En síntesis, ninguno de los objetivos está conseguido plenamente.

No hay que rasgarse las vestiduras, sino ponerse a trabajar; todavía quedan diez años para el examen. Sin embargo, aquí hemos expuesto la lectura actual, de 2019, que sirve para marcar la Agenda 2030, que deberá contemplar distintos escenarios de transición. Pongamos el ejemplo del cambio climático, muy nombrado últimamente y del que toda la gente tiene una idea, más o menos vaga y proactiva. Hay un informe del Instituto Elcano *Los españoles ante el cambio climático*[20] que contiene luces y sombras. Fue redactado en julio de 2019, cuando todavía no se

---

20   L. Lázaro, C. González y G. Escribano (2019). *Los españoles ante el cambio climático. Apoyo ciudadano a los elementos, instrumentos y procesos de una Ley de Cambio Climático y Transición Energética*. Real Instituto Elcano. <https://www.realinstitutoelcano.org/wp-content/uploads/2019/09/informe-espanoles-ante-cambio-climatico-sept-2019.pdf>.

había celebrado la COP25 Chile-Madrid ni habían hecho estragos las pulsiones climáticas de enero del 2020. Dice que la inmensa mayoría de los españoles ha oído hablar del cambio climático y lo consideran como la mayor amenaza a la que se enfrenta el mundo. Lo asocian con causas antropogénicas y aprecian los impactos. Son conscientes de que los compromisos son escasos, de que España no hace lo suficiente para luchar frente a él. A la vez, responsabilizan del cambio climático en primer lugar a las empresas, seguidas del gobierno, otros países y, finalmente, a cada uno de nosotros.

Otro dato interesante que puede encaminar acciones futuras: más del 90 % de los entrevistados está de acuerdo con que se dedique parte de los Presupuestos Generales del Estado a compensar los daños causados por el cambio climático. Más de la mitad no vería mal que hubiese que pagar más por el impuesto de circulación de su vehículo para evitar la contaminación. Y atentos a un asunto que va a tener que abordarse lo mismo en la Administración del Estado que en las CC. AA.: la práctica totalidad de los entrevistados apoya que España tenga una Ley de Cambio Climático y Transición Energética. Eso sí, sostienen que los decisores públicos se guíen por las recomendaciones de los científicos para la adopción de objetivos «reclimatizadores/descarbonizadores»; ahora mandan otros. También se apunta que son más proclives a la acción y a determinados «sacrificios personales» la gente con más estudios, más urbana y la que se encuentra alejada de posiciones ideológicas que podríamos identificar con la derecha. Al mismo tiempo, desciende la proactividad a medida que aumentan los ingresos medios. Cabe preguntarse, al hilo de esto, si esa ciudadanía más preocupada también ha sido fagocitada ante las múltiples tentaciones consumistas o contaminantes que condicionan su vida y azuzan el cambio climático.

Pero también hay que leer los progresos que el informe detalla con respecto a las metas planteadas para 2030. Muy ascendentes en Educación de calidad y Trabajo decente y desarrollo económico; algo ascendentes en Fin de la pobreza, Agua limpia y saneamiento, Energía asequible y no contaminante, Industria e innovación, Ciudades y comunidades sostenibles, Paz y justicia, Alianzas para lograr objetivos; estancados en Hambre cero, Reducción de las desigualdades e Igualdad de género; muy mal en Acción por el clima y Vida en los ecosistemas terrestres. Si alguien tiene curiosidad, aquí está el enlace para conocer todos los perfiles de España.[21]

En cualquier caso, será bueno que España, y los españoles de cualquier comunidad autónoma, comprenda y dé respuesta a los retos holistas que tiene planteados; refuerce la aplicación, la integración y la coherencia de sus políticas; desarrolle marcos políticos más sistémicos y a largo plazo con objetivos vinculantes; lidere la acción internacional hacia la sostenibilidad. Esto es lo que recomendaba recientemente la EEA[22] (Agencia Europea de Medio Ambiente).

6. La incierta sostenibilidad de las comunidades autónomas

En entradas anteriores hemos hecho alusión a la distancia que separa a la Unión Europea y a España del cumplimiento de los Objetivos de Desarrollo Sostenible marcados para el año 2030. Habíamos constatado la mala situación de España, expuesta tanto en el Informe *SDG Index and Dashboards 2019* del SDSN como en el *Informe sobre Sostenibilidad en España 2019* (y anteriores) del Observatorio de la Sostenibilidad. Ahora se trata de ilustrar cómo va el asunto en cada una de nuestras comunidades autónomas.

El Informe *17 ODS x 17 CC. AA.*[23] es el primer estudio que se lleva a cabo en estos ámbitos de forma conjunta. Analiza unos 200 indicadores para «tratar de dilucidar la aproximación diferencial a las Metas de cada ODS en las 17 CC. AA., a la vez que evaluar el desempeño comparado de cada comunidad autónoma en todos los ODS, en los diferentes bloques temáticos y a nivel general de la Agenda 2030». En el informe se establecen rankings. En realidad, intenta detectar carencias y pretende focalizar el grado de cohesión territorial en la transición hacia los presu-

---

21   <https://github.com/sdsna/2019EUIndex/blob/master/Country%20Profiles/Spain_EU%20SDR19.pdf>.

22   EEA. *El medio ambiente en Europa. Estado y perspectivas 2020. Resumen ejecutivo.* <https://www.eea.europa.eu/es/publications/el-medio-ambiente-en-europa>.

23   Observatorio de Sostenibilidad (2019). *Resultados Informe 17 x 17 (17 ODS en las 17 CC. AA. Agenda 2030 en España.* <https://www.observatoriosostenibilidad.com/2019/05/17/resultados-informe-sos-17-x-17-17-ods-en-las-17-ccaa-agenda-2030-en-espana/>.

puestos de sostenibilidad y de equidad establecidos en la Agenda. Imaginamos que con el informe se pretende que a partir de él cada administración se mire en el espejo, vea su figura de sostenibilidad y se dedique a mejorarla si es preciso.

Las conclusiones del estudio advierten de una enorme disparidad en el cumplimiento de los ODS por CC. AA. Esto se produce a pesar de que en los organigramas de los gobiernos de muchas comunidades autónomas aparecen cargos, departamentos o direcciones generales que llevan el apellido ODS. Habremos de darles tiempo. Porque, mal que nos pese, ninguna de esas comunidades se podría calificar como totalmente sostenible, pues no alcanzan buena nota en el conjunto de los cerca de 200 indicadores que se tienen en cuenta. Hay que resaltar que no todas las CC. AA. avanzan igual de rápidas hacia la meta de la Agenda 2030. Hay que denunciar que algunas se contentan con poco, o partieron desde muy atrás.

Aquí vamos a reflejar, casi textualmente, lo que el informe dice. A partir de ahí animamos a la ciudadanía a que mire a su alrededor en el lugar donde vive, anote cuando lea en un periódico algo sobre el asunto o lo escuche en los medios de comunicación; así podrá valorar mejor los comportamientos e indicadores que seguramente viajarán por ahí mezclados. Fijémonos también si en el portal de algún departamento aparece el pin de la sostenibilidad, y lo que del asunto ahí se recoge.

Si atendemos al desempeño general en todos los ODS (excepto el ODS 14 que viene referido al medio marino y no todas disfrutan de él) constatamos que van bien Navarra y el País Vasco; aceptablemente Aragón, Asturias, Castilla y León, Cataluña, La Rioja. Madrid se mantiene en una posición neutra; han de mejorar Baleares, Cantabria, Castilla-La Mancha, Comunidad Valenciana, Extremadura y Galicia. Deben mejorar mucho Andalucía, Canarias y Murcia.

Pero no todo es negativo, ni siquiera en las CC. AA. peor situadas. Es de justicia resaltar lo mejor de cada una, para animarlas en lo que fallan. Canarias, que está fatalmente situada en el ranking de los 17 ODS, resulta que es la comunidad que tiene la menor desigualdad por género y lo hace bastante bien en el ODS 14 (medio marino) y en cooperación (ODS 17). Andalucía, otra de la cola, aparece la mejor en cooperación (ODS 17) y

está bien situada en gestión de ecosistemas terrestres. Hay más cosas espe-
ranzadoras. Asturias, que hemos comentado antes que se mantenía en una
valoración general media, se encuentra en primera posición en el ODS 2
(nutrición y hambre cero), en el ODS 6 (agua limpia y saneamiento) y en
la gestión de los ecosistemas marinos (ODS 14); Castilla y León, otra en la
zona intermedia, resulta que es fuerte en hambre cero y de las mejores en
el ODS 7 (energía asequible y sostenible) y en el ODS 13 (acción por el
clima); Castilla-La Mancha lo hace muy bien en la lucha por el clima y se
maneja con soltura en la sostenibilidad de las áreas urbanas. Extremadura
debía mejorar en el cómputo global, pero está la primera en la gestión de
áreas urbanas (ciudades y comunidades sostenibles) y se encuentra bien en
salud y bienestar y desigualdad general; Cantabria sobresale en sanidad y
educación, y va bastante bien en gestión del agua, en empleo y desigualdad. Hay que hablar también de que, si bien en el ranking destacan Navarra y el País Vasco, obtienen malos resultados en su lucha contra el cambio
climático (ODS 13) y energía asequible y no contaminante (ODS 7), res-
pectivamente. Aragón, que acapara posiciones altas, falla en la desigualdad por género y debe mejorar en cuatro ODS, concretamente el 5, 7,
9 y 12.

También señala el informe que las CC. AA. que podríamos considerar «más rurales», con economías menos fuertes o más simplificadas, se
muestran poderosas en temas ambientales: es el caso de Castilla-La Mancha, Castilla y León, Extremadura, La Rioja. Aunque también progresan
adecuadamente en este asunto Cataluña y Baleares, que no entrarían en la
calificación de economías sencillas ni manifiesta ruralidad.

Como se manejan 200 indicadores y varias importancias relativas resulta complicado explicar bien el estado de la cuestión en un artículo
como este. Lo bueno del informe es que utiliza el mismo método para
valorar cada unidad territorial y social. Se trata solamente de una foto, en
la que seguramente nos habremos dejado partes veladas; incluso es posible
que la imagen que da el informe haya cambiado ya algo. No hay que tomarla como una reprimenda, sino como una alerta que señala aquello que
debe mejorar: algo, bastante o mucho.

Esperamos que los informes sirvan para que se pongan en marcha
en cada territorio acciones; que los progresos no tarden en llegar, que sus
Agendas 2030 sean ya una realidad creciente en compromiso. Porque

interesa, por el bien propio y el ajeno, que todas lleguen lo mejor preparadas posible a la cima marcada en el año 2030. Hay que mantener el deseo entre todos, y la esperanza; la ciudadanía también debe empujar lo suyo. Aun así, no vemos clara la apuesta generalizada por cambiar el paso, por las transiciones necesarias del modelo de vida. Muchas palabras, redacción de planes para la sostenibilidad tienen todas, pero bastantes tardan en concretar las palabras en obras, o no nos explican bien sus logros. De ahí vienen nuestras dudas. Por eso llamamos incierta a la sostenibilidad; tardamos en creerla, aunque quiera o sea verdad.

Por cierto, quien tenga curiosidad puede acercarse al *Mapa observatorio sostenibilidad Comunidades Autónomas.*[24]

7. Renovación del siglo como odisea «odsiana»

Por momentos parece una misión imposible; mejor lo dejamos en parcialmente improbable. Sabemos lo pesado que resulta a la persona que lee que se aluda constantemente a lo que marca la RAE (Real Academia Española) cuando quien escribe no sabe por dónde empezar, recurso que se utiliza para justificar un artículo o parte de él. Es el subterfugio que empleamos quienes carecemos de determinadas destrezas literarias. Disculpas y ahí vamos. El primer significado que la RAE asigna a *imposible* es «no posible». Sin embargo, en el cuarto introduce un matiz de retórica que alude a que «lo será seguramente si antes sucede o no algo que cambie el discurrir de las cosas que en principio no estaban en lo posible»; por ahora, añadimos nosotros. Además, en la expresión coloquial se tiene en cuenta el hecho de que hacer los imposibles es embarcarse en apurar todos los logros para alcanzar un fin. Ahí queríamos llegar e invitar al reto.

Cuando se formularon, se acogieron los ODS (Objetivos de Desarrollo Sostenible) allá por 2015, se les puso el horizonte 2030 para alcanzar unos determinadas fines. Se desató una especie de euforia mundial, como si el simple enunciado ya supusiese haber llegado a la meta. Se diseñó un pin multicolor en forma de corona circular para identifi-

---

24 Green Urban Data (2019). *ODS en España, ¿vamos en la buena dirección?* <https://www.greenurbandata.com/2019/06/18/ods-espana/>.

carlos. Muchas personas se lo colocaron cerca del corazón; nuestro actual presidente Sánchez, entre ellos. La letra de los ODS quedaba bien, pero hacía falta enlazarla con una melodía, con sus diversos movimientos más rápidos o lentos. Sin embargo, no faltó gente que conjeturaba que sería imposible. La duda estaba justificada en su dimensión igualitaria global, pues el punto de partida era muy dispar en cada territorio, país y continente, y ámbito. Además, se pretendía que todos los países, los sectores poblacionales dentro de ellos, llegasen a la meta al mismo tiempo, más o menos.

Queda justo una década para que esa misión (im)posible se haga realidad. Por si la dificultad no fuera pequeña, llegó la pandemia y destrozó proyectos comenzados, caminos que apenas se empezaban a trazar. Las mismas organizaciones impulsoras del proyecto ODS limitaron el volumen de sus voces, casi enmudecidas por los efectos perversos de la COVID-19, sacudidas en su corazón por el sufrimiento de los millones de afectados. Todo esto que nos ocurre nos ha llevado a ser conscientes de que vivimos en la sociedad del riesgo, no en la del bienestar como tantas veces se nos había prometido. Más bien, seamos sinceros: se podría decir que todos los días nos despertamos con una nueva realidad, y cuesta interpretarla. Pero la cima de los ODS está ahí, invitándonos a que la alcancemos, planteándonos un reto pequeño o grande, particular o colectivo. Este blog es un catalejo para ver el año 2030. Alcanzar del todo lo imaginado o quedarse a una distancia mínima significará sin duda que valió la pena caminar hacia la utopía. Pero hay que avisar que nada es sencillo, pues los riesgos son inherentes a la existencia humana y planetaria.

Este 2021, en el que tantos deseos se esperan, se cumplen treinta y cinco años de la publicación de Ulrich Beck *La sociedad del riesgo: hacia una nueva modernidad*. Ha sido traducido ya a más de treinta idiomas. Parece ser que el asunto interesa, pero, ¿qué será de la nueva modernidad? ¿Acaso la nueva normalidad de la que tanto se habla? Este concepto se ha empleado para decirnos que significará haber superado la pandemia, pero Beck no pensaba en eso. Ahora la distribución de la riqueza a la que aludía el sociólogo alemán ha mejorado algo, con la ayuda de tecnologías diversas y políticas comprometidas de gobiernos, organizaciones internacionales y diversas ONG. Y, por qué no decirlo en voz alta, con el concurso, sin haberle pedido opinión, de una atropellada naturaleza.

Pero claro, lo bueno no siempre lo es del todo, pues muchas veces viene acompañado de desperfectos varios: la fuerte intromisión en los ciclos propios de un sistema complejo como es la naturaleza no ha hecho sino aumentar los riesgos inducidos. En primer lugar, en la propia naturaleza. Pero como nosotros somos parte de ella, no tardaremos en sentir sus efectos. La percepción del riesgo vs. seguridad lleva de calle a quienes se han dado cuenta de que vivimos en un mundo pleno de incertidumbres. Hay quien asegura que esa percepción del mundo incierto será la más válida enseñanza que nos dejará la actual pandemia. Sin embargo, mucha gente y poderes comerciales y públicos no escuchan o miran para otro lado. No faltan quienes opinan que el mejor aprendizaje será la consideración del poder del trabajo colectivo, coordinado; en este caso impulsado por la colaboración en la búsqueda de la vacuna. Al tiempo. ¿Serán los ODS el camino ideal para amalgamar incertidumbres con el trabajo colectivo? Merece la pena intentarlo, pero hace falta componer la sinfonía. Comienza una nueva odisea, esta vez mucho más compleja que la que relataba Homero; esperamos que los personajes sean menos embusteros que Ulises, que lo era mucho al decir de Indro Montanelli en *Historia de los griegos*.

La renovación tiene por delante la búsqueda de remedios consistentes frente a la necesaria nueva realidad: la amortiguación de las desigualdades; la reforma del capitalismo para que congenie más con una democracia participada; la transformación de las estructuras de poder para que la élite de quienes deciden y gobiernan se aproxime a la comunidad de afectados; la amenaza de la polarizaciones, esas que la pandemia no ha hecho más que evidenciar e intensificar; el ejercicio de la discrepancia para encontrar coincidencias; el creciente desafío del cambio climático; la revolución sanitaria permanentemente pendiente; la consolidación de una sociedad que valore y potencie el papel de los cuidados sanitarios y sociales porque han alcanzado el estatus de responsabilidad colectiva; el aseguramiento de una educación de calidad en todo el mundo; la coherencia entre la presión para producir y el derecho a un consumo más justo y sostenible; las ciudades del futuro y sus estrategias de movilidad sostenible; la recuperación de papel sanador de una naturaleza olvidada; y muchos más, siempre distinguiendo entre los soportables por el momento y los que no lo son. Algo así, al menos en el espíritu, de lo que decía la campaña sobre sostenibilidad de una gran cadena comercial: instrucciones para dar vida a un mundo más justo. O si lo preferimos «Estímulos para la compleja respuesta al estado del malestar», que se extiende como una plaga a diferentes niveles, con variadas intenciones. Se trata, en suma, de asegurar unos mínimos vitales irrenunciables, conscientes de que estamos sometidos a limitaciones y dependemos cada día más los unos de los otros. Alguien lo simplifica que hay que repartir mejor los riesgos y la riqueza. Habría que explorarlo. En cualquier caso, se necesita más que nunca un pensamiento social.

Hará falta una aportación continuada de la sociología para situarnos en esta sociedad del riesgo de la que hablaba Beck. Alguien dijo: o salimos juntos de esto o no salimos. Para ello, deberemos iluminarnos con la luz del compromiso social y poner en cuestión el crecimiento del PIB como regulador de vida, tal cual hace una y otra vez Jason Hickel.[25] Este antropólogo, investigador del Goldsmiths College (Universidad de Londres), es criticado, a menudo discutido, por la ortodoxia económica. Cuando menos nos dejó una idea para no olvidar y darle alguna vuelta de pensamiento en este tránsito hacia los ODS: la pobreza global no es una característica natural del mundo, sino un producto político.[26]

En consecuencia, no podemos abordar el futuro con estrategias del pasado, esas que nos ha llevado hasta aquí. No importa empezar a dibujar el diferente siglo XXI en el año 2021. ¿En qué estaría pensando Yuval N. Harari cuando escribía *21 lecciones para el siglo XXI?* Seguro que le empujaban la adaptación al cambio climático y otras incertidumbres sociales. ¿Qué querrá decirnos Jeffrey Sachs en *La era del desarrollo sostenible?*[27]

En fin, ¡que el año que ahora empieza permita un fuerte impulso global a la odisea «odsiana» y que nos alcance a todos![28]

---

25   Revo Prosperidad Sostenible. <https://www.revoprosper.org/category/autoras-y-autores/jason-hickel/>.

26   Universitat Pompeu Fabra (13/09/2019). <https://www.upf.edu/es/web/e-noticies/entrevistas/-/asset_publisher/wEpPxsVRD6Vt/content/id/228423409/maximized#.X_RaN9JKios>.

27   <https://proassetspdlcom.cdnstatics2.com/usuaris/libros_contenido/arxius/31/30978_La_era_del_desarrollo_sostenible.pdf >.

28   Nueva referencia: el número extraordinario de la *Revista Diecisiete* sobre la transición justa. Un informe holístico sobre la sostenibilidad. <https://revista17.org/es/revista-diecisiete-10>.

8. Sostenibilidad: el discreto encanto de la impostada modernidad

El título va dirigido a todas aquellas administraciones o marcas comerciales que venden sostenibilidad a raudales, sin importarles demasiado consumir mentalmente el mismo pensamiento (que conste que también las hay que obran de buena fe). Quiere lanzar una llamada de primeros de año para que intenten escalar la cima del coloso 2030, para que pongan todo tipo de ingeniería y logística al servicio de esa quimera que supone no dejar a casi nadie atrás, porque a todos no podrán convencer. Quiere llamar modernidad a esa sociedad que en algún momento creía aquello de que a todos debe venir bien lo que aprovecha cada cual. Queremos avisarles que detrás de la marca de la sostenibilidad se esconde la señalética del peligro. No sabemos qué querría decir Paracelso con aquello de que «el hombre fue formado a partir de la materia y del espíritu del mundo». Si se puede decir viceversa. Ahora comprobamos que las distintas modernidades consumadas a lo largo de siglos tienen puntos oscuros.

Dichas instancias administrativas y entes comerciales juegan con códigos que nos seducen, tras los cuales esconden entresijos cruciales, a la vez dramáticos para toda esa gente que no ha sido beneficiada con la suerte, esta que muchas veces llamamos progreso. En el corazón de la tormenta actual epidémica se encuentran desigualdades, hambres, exclusividades y deterioros varios; algún que otro egoísmo. A quienes perjudiquen más todos esos desajustes se les derrumbaron los soles y les cayeron encima descargas de nubarrones que muchas veces se convirtieron en enigmas insondables.

La vida es siempre una conjunción de alegorías; la modernidad también, aunque se llame sostenibilidad. En algunos países los Reyes Magos, que dicen venían de Oriente, satisfacen este 6 de enero los deseos materiales de niños y niñas, jóvenes y no tan jóvenes. En otros Papá Noel ya hizo lo propio.

Por algún sitio pasaría de largo. Una jovial melancolía nos recuerda a toda esa gente que está en otra onda, en orillas desconocidas. Para ella, que el nuevo año sea de verdad próspero, universalmente provechoso, porque la inmensidad de lo desconocido siempre está al acecho. Los enigmas vendrán sin ir a buscarlos. Por eso, los Reyes Magos deberían traer una mejor comprensión de los misterios para toda la humanidad, por si a Papá Noel se le olvidó.

Empecemos el año combinando ética universal con salud y ecología. Impidamos que la economía tenga un sentido único. Pensemos en la infancia olvidada, que está pendiente de un acceso universal a la educación, salud, bienestar, etc. En algún momento, quizás obligados por las circunstancias, habrá que desentrañar eso de la sostenibilidad; los ricos, pero también en los países de menos ingresos. ¡Que 2022 sea el comienzo del «socioceno planetario»! Ese mundo moderno, nada impostado, en el que poco a poco se llegó a constituir una sociedad universal que mejoró los destrozos que estaba causando el antropoceno.

Se nos olvidaba: gratitud eterna a quienes desde cualquier instancia o colectivo luchan por que el mundo crea en la sostenibilidad, sustentabilidad, inclusividad, coherencia ética, etc. y tengan éxito. A aquellos (mujeres, hombres e instituciones, etc.) que añoran que la sostenible modernidad es formar parte consciente y comprometida de un colectivo, en el espacio y por siempre.

9. Reimaginar juntos nuestros futuros

Este es el título de la última publicación de la Unesco. Lleva por subtítulo, entremezclada para relacionar intereses y objetivos, «un nuevo contrato social para la educación», toda una declaración de intenciones. Ha sido elaborada por una comisión internacional sobre los futuros en la educación. Sustituye a aquella magnífica obra, llena de esperanza y buenos propósitos, *La educación encierra un tesoro*[29] que, coordinada por Jacques Delors, se publicaba en 1996. Supuso un hito en la conceptuación global de la educación a la vez que un acicate para muchos países en todo el mundo.

La reciente propuesta recoge en sus primeras páginas unas palabras de Sobhi Tawil, director de Innovación y Futuro del aprendizaje de la Unesco:

> Este informe es una provocación, una invitación al diálogo, y una oportunidad para conectar este diálogo con lo que tiene lugar en otras partes del mundo.

---

29 *La Educación encierra un tesoro, informe a la Unesco de la Comisión Internacional sobre la Educación para el siglo XXI (compendio).* <https://unesdoc.unesco.org/ark:/48223/pf0000109590_spa>.

Suficientemente claro. Además, dado el momento crítico por el que pasa el mundo entero no es una ocurrencia ni una moda verde, sino que se trata de dar un rol principal a la educación en las necesarias transiciones que lleven a la construcción de un mundo que tenga un futuro mucho más justo, pacífico y sostenible que el actual. Parece que aquellas propuestas del Informe Delors no han llegado a consolidar plenamente los objetivos previstos.

Sí ha sido realidad en una parte de las personas, pero ha dejado atrás a muchas más. Quizás, gran parte de la culpa de los retrasos sufridos la tenga eso que se ha dado en llamar crecimiento/desarrollo. De este modo, asistimos hoy al aumento gradual de las desigualdades. Digamos más todavía: las agresiones al medio natural están poniendo en peligro nuestra propia existencia. El informe habla de esperanza, la cual fundamenta en que disponemos de más acceso que nunca al conocimiento y a la utilización de herramientas basadas en la colaboración, que multiplica por mucho los efectos positivos. Por eso, parecería que todas las mujeres y hombres deberían tener la posibilidad de participar en el alumbramiento conjunto de futuros. En lo que sí insiste una y otra vez el informe es que estamos todos conectados y así hay más posibilidades de trabajar juntos.

Pero la educación debe transformarse mucho. Debe aspirar a un contrato social. Su punto de partida, una visión comprometida y compartida, es que existen unos fines públicos de la educación como derecho humano. Antes se quería educar al individuo, ahora se exige una unión de esfuerzos para crear futuros compartidos e interdependientes, amigables, universales. Así pues, si bien algunos países avanzarán más rápido, son tres las preguntas esenciales a las que hay que responder con estrategias de cara al año 2050: ¿qué deberíamos seguir haciendo?, ¿qué deberíamos dejar de hacer?, ¿hay algo que se pueda reinventar de forma creativa para conseguir las metas buscadas?

Podemos copiar lo que el texto llama principios fundamentales, algunos de los cuales habían mejorado algo o bastante desde el *Informe Delors*, hasta hace unos tres años. Nosotros los calificaríamos como retos pendientes en muchos países del mundo, incluso en algunos grupos sociales de los países ricos:

— Garantizar el derecho a la educación durante toda la vida.

— Reforzar la educación como bien público y común.

No será fácil pues partimos de graves inequidades[30] que han convertido la vida en una experiencia grave por la escala de las crisis: el aumento de las desigualdades sociales y económicas entre países y dentro de ellos, el cambio climático que impregna toda la vida colectiva, un abusivo uso de recursos que sobrepasa los límites planetarios y nos enfrenta a serios problemas globales, demasiados retrocesos democráticos han prendido con virulencia, etc. Dado que bastantes de estos problemas se superponen, dañan a los más débiles. Estos que pierden calidad de vida y una merma considerable en muchos de sus derechos fundamentales.

Ante todo esto, el reciente informe apunta a una serie de propuestas para renovar o reinventar la educación. Deberían formar parte del diálogo social, tanto en lo que se refiere a la concepción de la educación a escala de ciudadanía como al planteamiento de los discursos políticos, empresariales, etc. Destacamos aquellas con verdadero compromiso, y nos atrevemos a decir que con urgente necesidad, se pueden lograr en el año 2050 (copia textual del enunciado sugerido en el resumen del citado informe).

- La pedagogía debería organizarse en torno a los principios de cooperación, colaboración y solidaridad.

- Los planes de estudio deberían hacer hincapié en un aprendizaje ecológico, intercultural e interdisciplinario que ayude a los alumnos a acceder a conocimientos, y producirlos, y que desarrollen al mismo tiempo su capacidad de criticarlos y aplicarlos.

- La enseñanza debería seguir profesionalizándose como una labor cooperativa en la que se reconozca la función de los docentes de productores de conocimientos y figuras clave de la transición educativa y social.

- Las escuelas deberían ser lugares educativos protegidos, ya que promueven la inclusión y el bienestar individual y colectivo, y también deberían reimaginarse con miras a facilitar aún más la transformación del mundo hacia futuros más justos, equitativos y sostenibles.

---

30   Fundación La Caixa. <https://elobservatoriosocial.fundacionlacaixa.org/es/inicio>.

- Deberíamos disfrutar y acrecentar las oportunidades educativas que surgen a lo largo de la vida y en diferentes entornos culturales y sociales.

Todo lo anterior es algo que va más allá de una mera declaración de intenciones; quiere ser un contrato social. Imaginémoslo en España, que tan alejada está del pacto educativo democrático y consensuado. Ese convenio, como todo lo que aquí está escrito, es el punto de partida. Para desarrollarlo, máxime con las crisis diversas que acechan a la ciudadanía en general y a la educación en particular, se debería sustentar en:

- Un verdadero apoyo a la investigación y la innovación.

- Un llamamiento a la solidaridad local, estatal, mundial y a la cooperación internacional.

- Una activa participación de las universidades y otras instituciones de educación superior para desarrollar alianzas entre los actores educativos a diferentes escalas.

Una esperanza como esta merece un corolario. Lo hemos copiado de alguien que ha sabido pensar por los demás y expresar como pocos el papel de la educación. Nos referimos al filósofo Emilio Lledó que nos dejó esta enseñanza para quienes quieran escucharla e indagar sobre ella:

> Creo que cualquier bandera entorpece. Lo que tenemos que tener es una bandera de justicia, de bondad, de educación, de cultura, de sensibilidad, de filantropía, otro sustantivo maravilloso de los griegos, el amor a los otros.

En eso debería consistir el empeño en reimaginar nuestro futuro a través de la educación formal, no formal e informal. Ahora que el debate se ha animado en España con el desarrollo de la LOMLOE,[31] y con la LOSU,[32] es un buen momento para contrastar opiniones y llegar a acuerdos. Por lo expresado en los artículos que hemos leído durante los últimos meses, los actores principales siguen atrincherados en posiciones antagónicas. ¡No se puede fracasar de nuevo en el diálogo para organizar una educación poderosa! Llevamos demasiado tiempo soportando las peleas políticas en

---

31   <https://www.boe.es/buscar/doc.php?id=BOE-A-2020-17264>.
32   <https://www.boe.es/buscar/act.php?id=BOE-A-2023-7500>.

torno a un tema que es un derecho humano, que puede encerrar un tesoro como predicaba el mencionado Delors y el resto de los componentes de la comisión que elaboró el informe anterior.

Contemplamos hechos que malinterpretan eso de que juntos podemos tener un futuro más amigable para todos si logramos un contrato social para la educación. Además, la invasión rusa ha roto buena parte de las vías de comunicación global. ¡Ojalá acabe pronto y sepamos extraer las valiosas enseñanzas del Informe Unesco para evitar en lo posible invasiones como la presente!

10. Cómo va el seguimiento de la acción climática

En unos días comienza la Conferencia del Clima COP28 en Dubái. Veremos los compromisos que trae y si estos se cumplen. Algo, más bien poco por lo visto hasta ahora, se avanzará, pero siempre iremos con retraso en el asunto vital de la descarbonización. Ya se detectaban carencias de información en largos periodos.[33] ¿Será ahora mejor para que la población entienda el problema?

Pero vayamos por partes. Un reciente artículo de WRI[34] —nos atrevemos a copiar una parte del informe textualmente por la trascendencia que tiene resolver estos interrogantes— se hacía tres preguntas fundamentales dirigidas a la ciencia, pero también a la ciudadanía a pequeña y gran escala.

- ¿Están implementando los países soluciones climáticas de manera efectiva dado que las emisiones de gases de efecto invernadero (GEI) siguen aumentando?

- ¿Dónde está avanzando el mundo lo suficiente para superar la crisis climática y dónde se están quedando cortos los líderes?

- ¿Qué pasos específicos pueden encaminarnos en la correcta dirección?

---

33 F. Heras, P. Á. Meira y J. Benayas (2016). «Un silencio ensordecedor. El declive del cambio climático como tema comunicativo en España 2008-2012». *Redes.com: Revista de estudios para el desarrollo social de la Comunicación*, (13), 31-56. <https://dialnet.unirioja.es/ejemplar/446795>.

34 S. Boehm *et al.* (2023). *Tracking Climate Action: How the World Can Still Limit Warming to 1.5 Degrees C.* World Ressurces Institute (14/11/2023). <https://www.wri.org/insights/climate-action-progress-1-5-degrees-c?utm_medium=email&utm_source=-publication&utm_campaign=soca>.

Para responder a estas preguntas se elaboran los informes científicos que surgen tras laboriosas investigaciones. El informe *Estado de la acción climática 2023*[35] no se queda en el análisis del pasado. Proporciona una hoja de ruta, que es uno de los empeños más difíciles en informes y esperanzas de alto alcance. Ofrece caminos hacia el futuro en forma de una hoja de ruta integral de lo que se necesita para llegar sin desahogos a 2030 y 2050; o lo que es lo mismo, para limitar el calentamiento a 1,5-¿2? °C Alguien se seguirá preguntando por qué esa cifra. Es el límite que los científicos dicen que es necesario para prevenir impactos cada vez más devastadores e irreversibles del cambio climático. Recuerda los compromisos del Acuerdo de París.[36] Para lograrlos establece los objetivos específicos que cada sector más implicado debería alcanzar, pero, además, obliga a recordar en qué punto se encuentra el mundo en cada sector. Vamos a enumerar simplemente los epígrafes. Quien desee ampliar la visión puede acudir al informe referenciado:

- La ampliación mundial de las fuentes de energía sin emisiones de carbono avanza rápidamente, pero no la eliminación gradual de los combustibles fósiles en la generación de electricidad.

- Los cambios hacia modos de transporte más sostenibles, como la bicicleta, aún no han cobrado fuerza, pero las ventas de automóviles eléctricos de pasajeros están despegando.

- Después de aumentar durante décadas, las emisiones de GEI de los edificios se han estabilizado, pero los niveles actuales deben desacelerarse significativamente.

- Aunque el progreso en la descarbonización del acero y el cemento se ha estancado en gran medida, acontecimientos recientes sugieren que la marea podría cambiar pronto.

- La conservación de bosques, turberas y manglares genera enormes beneficios climáticos a costos relativamente bajos; sin embargo, los esfuerzos para proteger y restaurar estos ecosistemas siguen peligrosamente desviados.

---

35 World Ressurces Institute. *Estado de la acción climática 2023*. (14/11/2024) <https://www.wri.org/research/state-climate-action-2023>.

36 <https://unfccc.int/es/acerca-de-las-ndc/el-acuerdo-de-paris>.

- Un progreso mediocre corre el riesgo de dejar fuera de alcance la mayoría de los objetivos alimentarios y agrícolas.

- Los enfoques tecnológicos de eliminación de carbono hoy secuestran menos del 1 % de la cantidad necesaria en 2030, pero el impulso detrás de ellos está creciendo rápidamente.

- La financiación climática, especialmente en los países en desarrollo, palidece en comparación con las necesidades estimadas, mientras que la financiación pública para seguir con los combustibles fósiles está aumentando.

Incluye una apostilla final:

> Los líderes mundiales deben reconocer el ritmo en gran medida lento de la acción climática hasta la fecha y trazar un camino a seguir que aproveche los puntos brillantes de hoy. Este momento (CP28) debería servir como trampolín para acelerar las acciones destinadas a mitigar el cambio climático, incluida la eliminación gradual equitativa de los combustibles fósiles y el aumento de las energías renovables; la transformación del sector alimentario y agrícola al tiempo que se detiene y revierte la deforestación; el aumento y cambio de las finanzas, sin olvidar las centradas en mejorar la adaptación y responder a pérdidas y daños.

Otros portales como el Pacto Mundial[37] señalan que la Cumbre del Clima 2023 reúne grandes expectativas.

P.D.: Gaza no queda lejos de Dubái. ¿Hablarán los altos mandamases de los dineros petroleros de la imprescindible tregua indefinida —no cuatro días— para que el cambio climático no se acelere y mine las expectativas de la humanidad global?

11. Mirar solo hacia arriba

Reconozco que una y otra vez escribo de cosas parecidas; se podría decir que de incertidumbres quizás imaginadas. Procuraré enmendarme, pero es que los crecientes problemas ambientales globales lo exigen.

---

37 Pacto Mundial. Red española. <https://www.pactomundial.org/noticia/cop28-la-cumbre-del-clima-2023-reune-grandes-expectativas/#:~:text=Entre%20el%2030%20de%20noviembre,de%20la%20agenda%20clim%C3%A1tica%20global>.

Mi empeño es motivar cambios en los comportamientos sociales; mientras dudo si es posible, dado que muchas legitimidades globales se encuentran muy extraviadas. Me pregunto hacia dónde mirar para enterarme qué hace que vivamos. Me digo si será la inercia; una vez que la sociedad se pone en marcha no hay quien la pare, como los movimientos de la Tierra. Voy por la calle y observo a la gente para que me dé claves, pero pasan muy rápido. Poco veo que me asegure algo. Quizás, se deba a que la vista nos engaña, y el cerebro le sigue la corriente. Leo los periódicos, escucho informativos y tertulias. Practico la terapia de mirarme en el espejo antes de salir de casa y preguntarle a quién observo. Pero el pensamiento sobre la imagen puede esconder una traición, como le pasó a la bruja aquella de *Blancanieves*, o un error de cálculo, como le sucedió a Narciso; casi nunca la belleza o la complacencia nos hacen libres, aunque animan algo.

En general, las personas miramos hacia el cielo para que nos ilumine, en muchas creencias religiosas allí se encuentra la residencia ideal. Pero la maniobra no siempre funciona. Demasiadas luces cruzadas en reflejos de ese aire que está lleno de partículas que se mueven según el momento y los tiempos meteorológicos. Incluso el cielo azul no es otra cosa que multirreflejos hasta donde la atmósfera lo permite. Eso de día, de noche aparecen los temores ocultos. Si acudimos a mirar con detenimiento los cielos de los pintores, tampoco nos liberamos de las dudas. Claro, expresaron su pensamiento no el nuestro.

No hace mucho tiempo se vertieron comentarios diversos sobre la película *No mires arriba*, protagonizada, entre otros, por Meryl Streep y Leonardo DiCaprio, dos ejercientes en la lucha por el clima. Por ella, pasan activistas y negacionistas sobre las consecuencias del impacto de un cometa en nuestro planeta. Al decir de los primeros acabaría con la vida mientras que los segundos, entre ellos una presidenta de Estados Unidos en la ficción, tipo señor Trump, piensan más en el enriquecimiento que aportaría en materias escasas en la Tierra, previo fraccionamiento en el aire con un impacto multibalístico. Todo el film se puede tomar como parodia o metáfora, sátira o alegoría de la sociedad americana; con aciertos y fallos al decir de los expertos en cine. Sin embargo, el mensaje de la confrontación y las falsas noticias ambientales —no mirar para no ver, no oír para no escuchar— queda bien reflejado. Que el cielo cayese encima ya preocupaba al jefe de la aldea gala de Astérix y Obélix, pero siempre se consolaba diciendo que eso sería mañana. Imagino a bastantes retardistas actuales en la aldea gala.

Las personas incrédulas con la suertuda visión del jefe galo, de los poderes económicos y mediáticos de ahora, se empeñan en observar y escuchar lo que aporta su entorno. Los medios de comunicación y las redes sociales son todo un laberinto de espejos más o menos complacientes y criticables, donde conviven ecologistas y mensajes negacionistas. Tal lío llevamos quienes estudiamos las crisis ambientales que ya dudamos si no tendrán razón nuestros compañeros de travesía que no sufren estas preocupaciones; acaso ni se miran ni se ven. Hasta en cada familia o territorio concreto se dan imágenes diversas, quereres ocultos tras las razones para hacer o decir una cosa u otra. La gente activa en la defensa de lo global intenta componer su autorretrato interior para ubicarse en el espacio y el tiempo. La imagen percibida es más o menos complaciente con las crisis climáticas o sociales en las que vivimos. A veces, todo se queda en una instantánea, fugaz y sin terminar de delimitar sus contornos. O el cansancio mental impide ver. O se abandona el intento para no caer en la ecoansiedad.

En este mundo de tantos individuos ajenos a lo global, todos formamos parte de la sociedad ecodependiente, interdependiente. Algunas personas miran hacia abajo, como si por su mente pasasen la sumisión, pena, tristeza; como si el cerebro se viese desbordado por las emociones. Pero eso, que puede hacer zozobrar lo interior, no ayuda a convenir esfuerzos con los demás. Tampoco miremos solo hacia arriba. Mejor confrontemos visiones con otros que tenemos cerca. «Para ver claro basta con cambiar la dirección de la mirada», decía Antoine de Saint-Exupéry en *El principito*. Tampoco pensemos como el jefe galo Abraracúrcix. El mañana peligroso puede ser pronto, pero también menos catastrófico si nos ponemos a evitarlo. Si llega, no caerá del cielo; será en buena parte cosa nuestra; tengamos o no culpa, que es patrimonio principal de quienes creen que mandan en el planeta o divulgan que están al servicio de los humanos.

12. Sostenibilidad de plastilina

El título de este artículo quedaría completo añadiéndole *con fondo verde*. No se trata de un bodegón surrealista o dadaísta, sino más bien de una instantánea movida de la vida actual, idealizada en sentidos diversos. Se materializa en cada momento de cada día, en cualquier lugar. No siempre con atributos similares para todos los habitantes, lo cual se presta a diferentes demandas.

Cualquier lugar físico es el resultado del paso de los siglos. Las diferentes corrientes humanas legaron vestigios varios, tanto en forma de cultura como en la apropiación del territorio; a veces cuidadosa, otras depredadora. Cada iniciativa de alcance colectivo buscaría un fin material o intangible, frecuentemente réditos de poder o económicos. Además, lo de hoy tiene algo del ayer, pero no olvida el futuro. Ahora mismo las diatribas ante hechos concretos provocan enfrentamientos ideológicos, de cultura de vida. A pesar del distintivo verde —mandato de la Unión Europea— que se quiere dar a las políticas territoriales y medioambientales, estas no llegan a convertirse en el paradigma que debería primar. Menos aún porque las actuaciones con el agua, el aire, el suelo o la energía no se abordan con una finalidad social.

Hace unos años apareció una luminaria llamada *sostenibilidad*. Esta tiene atributos de sus partes y a la vez debería percibirse —es— como un todo que lamine las desigualdades. Pero se nos ha tornado oscilante y contradictoria. No hay manera de estabilizar un consenso universal que la convierta en valor colectivo. Va y viene en la vida real como ráfagas de viento, de dirección cambiante. Algunas personas, ciertas instituciones son capaces de mantener el sentido primigenio, pero quién sabe si esa postura no es una máscara de lo que debería ser. Ya hay voces críticas que abogan por eliminar el término por su falsedad, como otros postulados ecosociales que se han convertido en 'no-conceptos'. Muy asumidos por quienes ordenan la vida global. Muy cuestionables cuando se saltan protecciones naturalísticas para acoger iniciativas privadas desde supuestos no demostrados; los Pirineos esquiables por doquier, basándose en números inciertos y planes escritos con renglones torcidos como la inseguridad de disponer de nieve, valdrían como oscuro objeto de los deseos. Más grave si se emplea dinero verde europeo para perpetrarlos.

Hace más o menos un año publicaba en mi blog *Sostenibilidad: el discreto encanto de la impostada modernidad*. El artículo lamentaba que bastantes administraciones o marcas comerciales venden sostenibilidad a raudales, sin importarles apenas el tipo de rastro que dejan en el pensamiento y la cultura de la ciudadanía. Quería lanzar un apremio para que se intentase completar las llamadas Agendas 2030; eso del *Pacto Verde Europeo*, pero de verdad. Avisaba de que estuviésemos a la escucha de quienes afirmaban poner todo tipo de ingeniería y logística al servicio de esa quimera que supone no dejar a casi nadie atrás en forma de energía comprometida y de sostenibilidad. Pero la construcción actual parece estar hecha con plastilina, remoldeable para componer ideales o fabricar artilugios diversos, al apoyarse en términos fetiche, poco creíbles en su proceso. Solo así se entiende que diversas administraciones reduzcan a la mitad, o menos, su presupuesto de Educación Ambiental (EA) para la ciudadanía, el camino hipotético hacia la sostenibilidad creíble. Parece un desaire internacional cuando lo hace alguna ciudad que pertenece a las cien «cities 2030» de la UE. Qué queda tras el Conama local 2023 (Congreso de Medio Ambiente en entidades locales) con sesiones para ver cómo proteger la biodiversidad, luchar contra el cambio climático y otras lides ambientales.[38] La EA lucirá media hora con la caduca señal de conectar con la naturaleza. Por eso nos preguntamos una y otra vez si están preparadas las ciudades para sobrevivir en un futuro complejo.[39] Un reciente estudio de *PLUS ONE*[40] dice que no, que incluso las ciudades son no caminables, especialmente en los barrios más pobres.

Construyamos algo sincero para el futuro, combinando ética universal con salud y ecología. Quienes creemos sinceramente en las propuestas ecosociales debemos criticar los disfraces de la sostenibilidad de adorno. Impidamos que la acción política tenga un sentido único, influenciada por los hilos de los grupos de presión. Se nos olvidaba: gratitud eterna a quienes desde cualquier instancia o colectivo luchan para que el mundo crea en la sostenibilidad o sustentabilidad basada en la coherencia ética, y a esa ciudadanía anónima que apoya de forma consciente y comprometida este proyecto.

---

38   S. Prakash y A. Neuville. *Biodiversidad, cambio climático y energía*, Oficina de Publicaciones de la Unión Europea, Luxemburgo, 2024, <doi:10.2760/755341, JRC134744>.
39   L. Meyer (2019). «¿Están preparadas las ciudades para sobrevivir a este siglo?». *Ethic* 43, nov. 2019. <https://ethic.es/2020/01/preparadas-las-ciudades-para-este-siglo/>.
40   S. Aznar *et al.* (2004). «Caminabilidad y estatus socioeconómico en relación con caminar, jugar y practicar deportes en una muestra representativa de jóvenes españoles: El estudio PASOS». *Más Uno* 19(3): e0296816. <https://doi.org/10.1371/journal.pone.0296816>.

13. Cultivar más tierra para alimentar: ¿cómo y a quién?

Todavía estábamos reflexionando sobre el Día de la Madre Tierra,[41] que este año tiene por lema «Invertir en nuestro planeta», cuando hemos leído una alarmante entrada en Carbon Crief que nos ha impactado por sus consecuencias. Dice que conservar el 30 % de suelo más o menos protegido ante la invasión humana se antoja muy difícil. Esta tarea se ve dificultada porque la colonización de tierras protegidas, ante el empobrecimiento de otras masacradas por los cultivos, ha aumentado considerablemente.

Un estudio publicado en *Nature Sustainability,*[42] encuentra que las tierras de cultivo se han expandido a un ritmo alarmante en las áreas naturales protegidas entre 2000 y 2019. Otro dato escalofriante: la tasa anual de expansión de las tierras de cultivo creció hasta 58 veces durante casi dos décadas, lo cual constituye una grave amenaza para la biodiversidad. Hay que recordar una vez más en este blog que «todos somos biodiversidad», por activa o por pasiva.

En la actualidad existen unas 200 000 áreas con algún tipo de protección. ¿De qué sirven? Piensan en España algunos gobiernos de CC. AA. que quieren eliminarlas con la excusa de que son inútiles económicamente, incluso deficitarias. Pero claro, quienes así las ven solamente cuentan la vida en dineros. Pero son nuestro salvavidas: porque almacenan mucho dióxido de carbono, salvaguardan la diversidad y atemperan un poco los desastres climáticos. Por cierto, se ha hecho una selección de películas sobre la preparación para crisis y desastres que interesa ver; nos ayudan a situar las circunstancias y mitigar el efecto anímico que puede llegarnos, si estamos muy cerca de alguno de estos eventos.[43]

---

41   Sostenibilidad para todos. Día Mundial de la Madre Tierra 2023. <https://www.sostenibilidad.com/medio-ambiente/dia-mundial-de-la-tierra/?_adin=02021864894>.

42   Z. Meng *et al.* (2023). « El marco de biodiversidad posterior a 2020, desafiado por la expansión de las tierras de cultivo en áreas protegidas». *Nat Sustain* 6, 758–768 (2023). <https://doi.org/10.1038/s41893-023-01093-w>.

43   R. Toran y E. Diago (2024). «10 películas sobre la preparación de crisis y desastres». *ISGlobal Barcelona* (26.2.2024). <https://www.isglobal.org/healthisglobal/-/custom-blog-portlet/10-peliculas-sobre-la-preparacion-de-crisis-y-desastres>.

No olvidemos que casi todos los países del mundo se comprometieron a conservar el 30 % de la tierra del mundo y el 30 % de los océanos para 2030, entre otras cosas en la cumbre de biodiversidad COP15 celebrada en Montreal el año pasado.[44] En realidad, sería un aumento significativo. En la actualidad, apenas el 17 % de la tierra y las aguas continentales del mundo son actualmente áreas protegidas y conservadas, lo dice un informe *Protected Planet*[45] de marzo de 2023.

Además, lo que en algunos lugares es una necesidad vital, pongamos por ejemplo extensas zonas de África castigadas por hambrunas continuadas, en otros son veleidades políticas demasiado atentas a grupos de presión. Los gobernantes no sienten pudor a la hora de vender o arrasar algo que no es suyo. Aquí una breve reseña de la situación de España hace un par de años.[46]

Quién se acuerda de la Conferencia de las Naciones Unidas sobre el Medio Humano, del 5 al 16 de junio de 1972, en Estocolmo. Cincuenta y un años después no hemos conseguido buena parte de los objetivos que se formularon entonces. Por cierto, la Agencia Europea del Medio Ambiente (EEA) publicó este interesante artículo *La tierra y el suelo en Europa: ¿hormigón urbano en expansión?*[47] sobre el asunto.

14. El CC se nos escapa.
Informe sobre la brecha de adaptación 2023

Dicen quienes de esto entienden que cada vez aumenta más, y más rápida, la brecha de adaptación al cambio climático. Lo hemos leído en el Informe

---

44   CarbonBrief. Clear on climate (20/12/2022). *COP15: Resultados clave acordados en la conferencia de la ONU sobre biodiversidad en Montreal.* <https://www.carbonbrief. org/cop15-key-outcomes-agreed-at-the-un-biodiversity-conference-in-montreal/>.

45   Proyected Planet (2023). *El logro del objetivo del 17 % para áreas protegidas y conservadas ahora se refleja en los datos oficiales.* <https://www.protectedplanet.net/news-and-stories/achievement-of-17-target-for-protected-and-conserved-areas-now-reflected-in-official-data>.

46   M. Sanoja (2021). «Los parajes naturales más amenazados de España». *Ethic* (23/03/21). <https://ethic.es/2021/03/los-parajes-naturales-mas-amenazados-de-espana/>.

47   EEA (2023). *La tierra y el suelo en Europa: ¿hormigón urbano en expansión?* <https://www. eea.europa.eu/es/senales/senales-2019/articulos/la-tierra-y-el-suelo>.

sobre la brecha de adaptación 2023 del Pnuma.[48] Resulta elocuente que en el título incluya la palabra subfinanciado. Y añada en el subtítulo que se extiende una «Falta de preparación que se aprecia en que la inversión y la planificación inadecuadas para la adaptación climática dejan al mundo expuesto».

Algunas personas así lo sienten mientras que la mayoría pasa de leer estos informes y consume detalles que le proporcionan medios de comunicación o la Red; no siempre correctos y bienintencionados. El mismo informe llama la atención sobre cuestiones que no queremos escuchar, o no podemos porque se ven sepultadas por las noticias de dispersión social. Anotamos algo que a cualquiera parecería evidente: si la dinámica actual agranda la brecha social deberíamos hacer todo lo posible por reducirla. Pues no, la imprescindible desaceleración se va convirtiendo en una especie de meteorito que viene hasta nosotros incrementando su velocidad y haciéndolo en poco tiempo.

Hay una referencia específica a los países en desarrollo. El dinero empleado en su adaptación a tiempo fijado, o para la década si se quiere, apenas llega a suponer un quinto de sus necesidades. Aquí viene también el egoísmo de los países desarrollados. Si ayudasen a los otros, verían resuelta una parte de las afecciones que el cambio climático y sus manifestaciones provocan a su ciudadanía. El informe avisa de que las crecientes necesidades de financiación para la adaptación y la inestabilidad de los flujos, el actual déficit de financiación para la adaptación se estima ahora en unos 366 mil millones al año.

Aquí unas cuantas señales de la brecha, que en ningún modo son disparates no contrastados ni maniobras para evitar la ecoansiedad global:

- A medida que se aceleran los impactos climáticos, el esfuerzo financiero para la adaptación es, al menos, un 50 % mayor de lo que se pensaba.

- La financiación debe ser pública y privada, entendiendo que algunas de las grandes beneficiarias de la mejora global van a ser instituciones privadas que verán reducir sus costes ambientales.

---

48 PNUMA (2023). *Underfinanced. Underprepared.* <https://www.unep.org/resources/adaptation-gap-report-2023>.

- Hay una creciente relación entre la ralentización de la adaptación y los problemas de salud en todo el mundo, incluidos los países ricos.

- El silencioso deshielo de hielos en montañas y casquetes polares tiene una repercusión climática evidente y provoca daños ambientales, sociales y materiales por todo el mundo. Las sequías y las inundaciones siguen ritmos desconocidos hasta ahora y causan estragos sociales.

- La acción para proteger a las personas y la naturaleza es más apremiante que nunca. Se están perdiendo y destruyendo vidas y medios de subsistencia, y los vulnerables son los que más sufren. Pero los poderosos se tapan los oídos. Guterres, secretario general de la ONU: Estamos en una emergencia de adaptación. Debemos actuar en consecuencia. Y tomar medidas para cerrar la brecha de adaptación ahora.

- En palabras de Inger Andersen, directora ejecutiva del Pnuma (Programa de las Naciones Unidas para el Medio Ambiente): «En 2023, el cambio climático volvió a ser más perturbador y mortal: se batieron récords de temperatura, mientras que tormentas, inundaciones, olas de calor e incendios forestales causaron devastación». Aún más, «incluso si la comunidad internacional dejara de emitir todos los gases de efecto invernadero hoy, la perturbación climática tardaría décadas en disiparse»

- Varios estudios aseguran que solo las 55 economías más vulnerables al clima han experimentado pérdidas y daños por más de 500 000 millones de dólares en las últimas dos décadas. Estos costos aumentarán marcadamente en las próximas décadas, particularmente si no se aceleran unas mitigaciones y adaptaciones contundentes.

- Hasta ahora solo han cubierto fondos climáticos específicos, como el Fondo Verde para el Clima (GCF),[49] el Fondo de Adap-

---

49   <https://www.greenclimate.fund/>.

tación[50] y el Fondo para el Medio Ambiente Mundial (FMAM).[51] A pesar de su importancia, estas fuentes todavía constituyen solo una proporción menor (aproximadamente, el 9 %) del financiamiento público total para la adaptación.

- Casi nadie duda ya de que si no aceleramos la mitigación, si no nos adaptamos al tiempo nuevo que nos toca vivir, se verán episodios (ambientales, sociales y económicos) de magnitud nunca vista.

En España hay vigente un Plan de Nacional de Adaptación al Cambio Climático 2021-2030,[52] que sufre similares carencias al global, aquí enredado entre administraciones central, autonómica y local. Su informe ejecutivo de realización[53] también merece una lectura reposada no solo a las empresas y administraciones, sino para mirarnos todos en su espejo. Seguramente se agrandarán también algunas brechas de adaptación a escala individual y en nuestros entornos próximos. ¿Cómo y en qué lo notamos? Aceleremos la reducción de nuestra brecha; hagámoslo saber a las personas con las que convivimos.

La pena de todo esto es que los hechos sepultan a las palabras y compromisos. ¿Hasta cuándo?

15. Eurostat nos saca los colores de la desigualdad

Tipo telegrama triste, a la vez que comedido y dinamizador de la respuesta, sobre los niños en riesgo de pobreza o exclusión social,[54] para que cada frase sea contundente y cada cual la prolongue todo lo que desee o la someta a debate en su entorno. Esto dice sobre los niños y niñas europeos:

---

50   <https://www.adaptation-fund.org/>.

51   <https://www.thegef.org/>.

52   <https://www.miteco.gob.es/es/cambio-climatico/temas/impactos-vulnerabilidad-y-adaptacion/plan-nacional-adaptacion-cambio-climatico.html>.

53   <https://www.miteco.gob.es/content/dam/miteco/es/cambio-climatico/temas/impactos-vulnerabilidad-y-adaptacion/resumenejecutivo_informeevaluacionpnacc_tcm30-499188.pdf>.

54   Eurostat. *Statistics Explained* (nov. de 2023) <https://ec.europa.eu/eurostat/statistics-explained/index.php?title=Children_at_risk_of_poverty_or_social_exclusion#Children_growing_up_in_poverty_and_social_exclusion>.

- En 2022, el 24,7 % de los niños (entiéndase niños y niñas) menores de 18 años en la UE estaban en riesgo de pobreza o exclusión social, en comparación con el 24,4 % registrado en 2021.

- En 2022, en la UE, el 10,2 % de los niños menores de 18 años cuyos padres tenían un nivel educativo alto estaban en riesgo de pobreza o exclusión social, en comparación con el 61,9 % de los niños cuyos padres tenían un nivel educativo bajo.

Los niños menores de 18 años que crecen en la pobreza o la exclusión social encuentran dificultades para obtener buenos resultados en la escuela, disfrutar de buena salud y desarrollar todo su potencial en el futuro. También enfrentan un mayor riesgo de quedar desempleados, pobres y socialmente excluidos cuando sean adultos.

En 2022, la proporción de personas en riesgo de pobreza o exclusión social era mayor entre los niños que entre los adultos.

Nota importante. Eurostat

La proporción de personas que están en riesgo de pobreza o exclusión social incluye a personas que se encuentran en, al menos, una de estas tres situaciones:

- Personas en riesgo de pobreza:[55] aquellas con un ingreso disponible equivalente inferior al umbral de riesgo de pobreza;

- Personas que sufren graves privaciones materiales y sociales:[56] aquellas que no pueden permitirse al menos siete de los trece elementos de privación (seis relacionados con el individuo y siete relacionados con el hogar) que la mayoría de la gente considera deseables o incluso necesarios para llevar una calidad de vida adecuada;

- Personas (menores de 65 años) que viven en un hogar con una intensidad laboral muy baja:[57] aquellos que viven en hogares donde los

---

55   <https://ec.europa.eu/eurostat/statistics-explained/index.php?title=Glossary:At-risk-of-poverty_rate> .

56   <https://ec.europa.eu/eurostat/statistics-explained/index.php?title=Glossary:Severe_material_and_social_deprivation_rate_(SMSD)>.

57   <https://ec.europa.eu/eurostat/statistics-explained/index.php?title=Glossary:Persons_living_in_households_with_low_work_intensity>.

adultos trabajaron igual o menos del 20 % de su tiempo de trabajo potencial total combinado durante los doce meses anteriores.

P.D.: ¿Qué dirán estos datos sobre Gaza?

16. Incumplimientos contaminantes, ¿sin fecha de caducidad?

En este blog nos empeñamos en decir que hay muchas metas ecosociales que deberían cumplirse en el año 2030. Cuanto menos avancemos, más vulnerables seremos. Cada vez lo decimos más alto, porque tanto los oídos gubernamentales y empresariales como los de la ciudadanía parece que han sucumbido a la sordera crítica. Esta desatención no tiene que ver con la capacidad auditiva, sino con la cerrazón mental o la huida hacia no se sabe dónde. La mayoría de la gente ha restringido su campo de mirada. También lo ha materializado añadiéndole magnitudes más o menos visibles: cantidades de dinero, de bienestar, de felicidad, de trabajo, de amistades, de casas más o menos lujosas y chalets, del coche más avanzado... y así un largo etcétera.

Tanto es así que se puede decir que lo que no se ve, no golpea fuerte y en un momento deja de existir. Quizás se piense que el tiempo (días, años, o como siempre) lo resolverá. Un lugar especial de este ninguneo, trágico donde los haya, es no responder ante el hecho innegable de que el aire que respiramos no es bueno. ¿Cuánto y cómo? Cada día va a más y a peor. Lo que antes eran síntomas se están convirtiendo en estados permanentes. Me encantó leer algo de lo que dice Corine Pelluchon, la filósofa francesa de la que se dijo en un periódico que se podía llamar «la pensadora de lo vulnerable». No se queda en la defensa de las vulnerables mujeres ni en los ignorados animales, sino que mira los problemas detrás del objetivo de nuestra propia finitud. Pelluchon, en *Ética de la consideración,* señala cómo imprescindible remontar nuestras dificultades para cambiar un estilo de vida propio; que mude pronto de un modelo de desarrollo —mayoritario y potenciado por quienes nos conducen socialmente como consumidores— que nos aboca a la enfermedad, o incluso a la destrucción de una parte de nuestra especie.

Nos apena también que haya unas instituciones cada vez más deudoras de la ciudadanía. Recientes decisiones de la UE nos llevan a la preocupación:

la relajación en las normas, en medidas urgentes, para minimizar y, en última instancia, poner fin a la exposición de las personas a sustancias químicas perjudiciales que alteran el sistema endocrino (EDC), como denuncia una y otra vez EDC Free Europe.[58] Incluso la reciente llamada de atención del CRIN (Child Rights International Network).[59] *Las leyes actuales sobre sustancias químicas de la UE permiten graves violaciones de los derechos de los niños. ¿Cómo podemos detener esto?* era suficientemente elocuente y nos empujaba a considerar el coste en salud de los incumplimientos contaminantes.

¡Cuántas veces se nos escapan detalles de vida útil por no darnos cuenta de que no somos invulnerables! La contaminación del aire serviría como ejemplo de eso que parece que no se ve, pero está actuando un día tras otro y afecta al colectivo, pero también a nuestra singular salud. Entonces, uno se pregunta ¿qué queda de invulnerable? No acierta a encontrar la respuesta. Estudiamos en la escuela la composición del aire troposférico. ¿Qué permanece de aquellas proporciones? ¿Acaso el porcentaje de oxígeno es el mismo y ese 1 % que quedaba tras restarle nitrógeno y oxígeno también? Alguien llamó a esta visión del aire una idea escolar fija que es tremendamente transitoria. Mis alumnos lo escuchaban más de una vida, incluso aludiendo a la composición del aire del aula antes y después de la clase cerrada, o cuando llegábamos a otro espacio masivamente ocupado con anterioridad. Así que no me molesta que me tachen de exagerado cuando digo que el aire es uno de los nichos de los vulnerables —no concretados en un colectivo— despreocupados.

Creíamos, ilusos somos y por esas veredas insistimos en caminar, que todos nos habíamos dado cuenta de que el aire enferma, particularmente en las ciudades, y nosotros con él por respirarlo. Bastantes políticos, regidores municipales, desoyen las advertencias del IS Global de Barcelona y del Instituto de Salud Carlos III de Madrid. Aun así, sueñan con hacer de sus ciudades NetZeroCities.[60]

---

58   <https://www.edc-free-europe.org/articles/european-developments/halting-the-pesticides-reduction-regulation-jeopardises-health-and-the-environment> y <https://www.pan-europe.info/press-releases/2024/02/european-citizens-face-increasing-exposure-pfas-pesticides-through-fruit-and>.

59   <https://home.crin.org/readlistenwatch/stories/current-eu-chemicals-laws-allow-severe-childrens-rights-violations-how-can-we-stop-this>.

60   <https://netzerocities.eu/>.

Nos acabamos de enterar de que ninguna de las veinte grandes ciudades españolas cumple en este momento los límites de contaminación del aire que manda (impone) la Unión Europea en el caso de las partículas finas. Solamente cuatro —Las Palmas, Alicante, Vitoria y Elche— se encuentran dentro del tope que marca la UE para el año 2030. Es más, según el informe que Ecologistas en Acción realiza sobre la calidad del aire en España, las cosas van mal, no se han hecho los deberes. Por lo que respecta a las ZBE (Zonas de Bajas Emisiones), las ciudades de más de 50 000 habitantes deberían haber puesto en marcha el 1 de enero de 2023. A estas fechas, solo 7 de las 20 ciudades más pobladas de España tienen en vigencia su ZBE (más o menos saludable), según los datos del Ministerio para la Transición Ecológica expresados en un mapa bien bonito que tenemos al alcance con facilidad.[61]

¡Como sea cierto lo de sin fecha de caducidad! Mientras esto sucede, toda la conversación política gira sobre las corrupciones en la compra de mascarillas, que a este paso van a ser obligatorias *sine die* en ciertas calles. Bien está que se denuncie la mala praxis, pero habrá que dejar hueco para armonizar esfuerzos que respondan a una pregunta sencilla: ¿Qué calidad tiene el aire que se respira en las ciudades? ¿Qué repercusiones puede tener en la salud ciudadana? Ya veo unos grandes semáforos que avisen si se entra en zonas urbanas de mascarilla obligatoria. Una parte de la ciudadanía protestará: prefiere sentarse a tomar algo en una terraza al lado de la parada de varios buses urbanos impulsados por diésel. ¿Tendrá este desatino fecha de caducidad? Por si acaso, que los ayuntamientos vayan interesándose en esa iniciativa de la UE *Ciudades Piloto (Pilot Cities Programm. Guidebook)*.[62]

---

61   <https://www.miteco.gob.es/es/calidad-y-evaluacion-ambiental/temas/movilidad.html>.

62   <https://netzerocities.eu/wp-content/uploads/2023/09/NZC-PCP2-PilotCities-Guidebook.pdf>.

II
PEQUEÑOS ESCENARIOS
DE ALTA TRASCENDENCIA ÉTICA

Puede que seas capaz de engañar a los votantes, pero no a la atmósfera.

Donella MEADOWS

El mundo es un lugar peligroso, no a causa de los que hacen el mal, sino por aquellos que no hacen nada para evitarlo.

Albert EINSTEIN (se dice)

Este rincón no siempre fue así, ni será

1. Ecología cada día

Vivir el día a día se nos hace costoso a mucha gente. Debemos resolver múltiples interconexiones con lo que nos rodea, seamos o no conscientes de ello. Por poner solo un ejemplo: las guerras comerciales que se acentúan entre las naciones poderosas desestabilizan el presente y el futuro, aunque nos parezca que el asunto queda muy lejano. Lo que cada cual (todos) siente y hace (o no) tiene mucho que ver con un entramado global de relaciones que se podría llamar ecología: la comprensión y el estudio de lo que sucede en la casa común que es el planeta.

Esa ecología, palabra de origen griego, admite diversas variantes semánticas: concepto junto con deseo y sentimiento, acción e interacción, compromisos y olvidos, etc.; también algún exabrupto. Bastantes políticos, mucha gente de todo el mundo y las marcas comerciales, cada vez más, la utilizan como etiqueta: lo ecológico vende y mola. No faltan personas que la ven como una especie de mantra que todo lo purifica; la emplean para emocionarse ellos mismos o para enfrentarse a los demás.

A la vez, ha impregnado el lenguaje coloquial en forma de ecologismo o ecologista, variables nuevas de una vida antigua. Estas dos últimas acepciones identifican a las personas que toman una buena dosis de ecología cada día para su pensamiento y así reconfortan la vida propia y un poco la de las demás; también la del planeta y los seres vivos con los que se relacionan. Si bien no faltan quienes utilizan los vocablos como insulto hacia los defensores o propagadores de la vida en sintonía en y con la casa común.

Ecología combina muy bien con idea, destino o camino, lugar y tiempo, individualidad y colectivo, presente con bastante de pasado y revisión del futuro. En verdad, nunca ha dejado de fluir desde que Aristóteles se ocupó de algo parecido o las religiones primitivas adoraban a la Madre Tierra; muchos científicos —anotemos Da Vinci, Darwin y Humboldt— le dieron un buen empujón. Ecología es reconocer lo que hay en casa de cada persona; en realidad, es el cuidado de todos en conjunto para hacer la estancia y la vivencia un poco (o mucho) más acogedoras. Sepan los despreocupados, o incrédulos, que aún es posible una reforma consistente.

La semántica moderna y sus derivaciones comprometidas las consolidó el científico ruso Vladímir Verdansky,[1] del que pocos han dicho algo; ya se sabe que muchas veces la fama se la llevan otros. Después vinieron aportaciones varias para explicarnos lo del ecosistema, eso que estudiábamos en el instituto. Aun así, todavía hay por ahí mucha gente que teme y desdeña la ecología, aunque esta nunca sea feroz.

Llegó un momento en que la palabra/idea asociada a lo verde se impregnó de sostenibilidad, más social. Dentro de esta mudanza se deben incluir los adjetivos comprometida y futurible. Por eso, es necesaria más sostenibilidad y menos postureo verde. En consecuencia, para creer, crecer y frenar un poco el desaguisado generado por los humanos, habrá que cultivar una sostenibilidad eminentemente educativa, dentro y fuera de las aulas. En eso debemos implicarnos todos y de ahí nunca debemos salir.

Pongamos algo (o mucho) de ecología práctica y comprometida en el día a día; usémosla para congratularnos de lo que hacemos bien, no para fustigarnos por lo que no se consigue. Vigilemos lo que compramos y consumimos, combatamos la contaminación del aire en la ciudad haciendo prácticas de movilidad sostenible; en suma, respetemos las relaciones ecológicas con los otros y el mañana.

Hay bastantes personas que afirman, convencidas, que una buena dosis de ecología les reconforta; imitémoslas. Alimentemos con ella el espíritu, cuyos nutrientes básicos son el deseo individual compartido junto con el bienestar social y la salud del planeta y sus criaturas, ahora que tan acosados están todos. Aquí lo dejamos, para que cada cual lo gestione, no sin antes recordar que la ecología/sostenibilidad es una conversación ininterrumpida con la vida, que ahora se ve amenazada por varias crisis y emergencias globales como la climática —que tuvo su llamada de atención en la contestación mundial de la semana pasada— y la social —plena de inequidades, cerca y lejos—; visible además en los efectos de las recientes pulsiones meteorológicas. Todo esto quiere ser, más que nada, una ventana abierta para imaginar el futuro.

---

1   C. M. Valtuille (2012). «Vladímir Ivánovich Vernadsky (1863-1945): Enciclopedista soviético del siglo XXI». *Ecología política* (13/06/2012). <https://www.ecologiapolitica.info/vladimir-ivanovich-vernadsky-1863-1945-enciclopedista-sovietico-del-siglo-xxi/>.

2. Mi pantalón en Togo

En un artículo de hace años proponía alojar a los países ricos en un continente mental y ambiental, marcadamente europeo. Tenía numerosas copias que se extendían por los cinco continentes. Lugares llamados «Basurolandia», o mejor «Gargameland» o «Wasteland», por eso de la internacionalidad. Mientras se consigue unificar en positivo tal desatino vamos a quedarnos con la «UE basurada», se podría llamar también «basurera» o «sin reciclar del todo».

Tengo aquí delante unos datos de Retema[2] *(Revista Técnica del Medio Ambiente)* que me encenagan la visión: «Cada año se generan en la UE 2200 millones de toneladas de residuos. Más de una cuarta parte (27 %) son residuos municipales: residuos cotidianos recogidos y tratados por los municipios, generados principalmente por los hogares». Haciendo unas cuentas sencillas que consideren ese porcentaje de los domicilios y el número de habitantes de los países UE, salimos de media a unos 1330 kilogramos por habitante y año. ¡No me lo puedo creer! Seguro que he hecho mal el reparto. Habremos de confirmarlo en varias fuentes. En una noticia de esos días recogida en *Eldiario.es* se decía que es media tonelada por persona y año, que ya es algo cuantioso. Sigo leyendo el artículo que habla sobre la generación de residuos UE y me quedo con dos cosas claras: una, negativa (aumentan los residuos que provocamos) y otra, positiva (cada vez se recicla mejor y más cantidad). Es más, las estadísticas[3] de 2021 recogían que el 49,6 % de todos los residuos municipales de la UE se reciclaban o se convertían en abono. La UE ha fijado un objetivo del 60 % de reutilización y reciclaje de residuos municipales para 2030, porcentaje que ya cumplen Alemania, Bulgaria, Austria y Eslovenia.

Dice también el artículo que el vertido es casi inexistente en países como Bélgica, Países Bajos, Dinamarca, Suecia, Alemania, Austria, Luxemburgo, Eslovenia y Finlandia. Pero aquí hay una distorsión, porque algo o bastante de esa no existencia se debe a que incineran buena parte de

---

2   RETEMA *(Revista Técnica del Medio Ambiente)*. «Datos y cifras sobre la gestión de residuos en la Unión Europea». <https://www.retema.es/actualidad/la-ue-publica-una-infografia-con-datos-y-cifras-sobre-la-gestion-de-residuos-en-el>.
3   EEA (2021). *Waste recicling.* <https://www.eea.europa.eu/data-and-maps/indicators/waste-recycling-1/assessment-1>.

sus residuos, lo cual no se permite por aquí. Lo que sí parece cierto es que envían menos de un tercio de sus residuos al vertedero. Otro asunto, el de los vertederos y su gestión, que nos llevaría a escribir varios artículos. Pero no vamos a hablar de esto, sino que nos centraremos en seguir la pista de lo que le pasó a mi pantalón.

Para no ofender a los de fuera que no nos reñirán por semejante atrevimiento vamos a hablar de los de dentro. En España la gestión de los residuos sigue oliendo mal; menos que hace unos años, pero aún apesta. A cualquier dirigente que sostenga su actividad colectiva como un servicio a la comunidad, que anteponga el bien social al rédito político, se le entornarán los ojos de vergüenza y los oídos de estupor cuando se entere de que 26 organizaciones de su país envían una demanda a la Unión Europea para que obligue a cumplir los compromisos adquiridos y aquello que la ley manda. Decían algo así como: «Pedimos amparo a Europa para no ahogarnos en basura».[4] Las administraciones tienen en el sótano mental bien guardado el protocolo de Aaarhus. Dicho así suena difuso porque pocos nos hemos leído el convenio, que obliga a dar información ambiental. Para los demás no resulta conocido, casi siempre por ocultación gubernamental o empresarial.

Esto del reciclaje, y aquí entra mi pantalón en escena va para largo. Quizás se pierda la esencia de sus partes, incluido los botones metálicos y la cremallera que cerraba los interiores poco púdicos. Uno ya estaba alertado. La noticia publicada por *20minutos.es* el 3/3/2023[5] no deja ningún resquicio a la duda «Los ecologistas denuncian ante Bruselas el incumplimiento de España de los objetivos de reciclaje y reclaman «un cambio de rumbo». Y tiene su fundamento porque España se comprometió al reciclaje de sus residuos en un 50 % en 2020, se quedó en el 40,5 %, y el año 2021 en el 36,7 %. Quien lo dude, pásese por los datos del Ministerio de Transición Ecológica y Reto Demográfico.[6] Pero no nos dejemos engañar. El descuido

---

4   R. Rejón (2023). *Eldiario.es* (2/03/2023). <https://www.eldiario.es/sociedad/pedimos-amparo-europa-no-ahogarnos-basura-espana-incumple-obligaciones-reciclaje_1_9998032.html>.

5   L. Belenguer (2023). *Eldiario.es* (3/03/2023). <https://www.20minutos.es/noticia/5106386/0/ecologistas-denuncia-bruselas-incumplimiento-objetivo-reciclaje-espana/>.

6   MTERT (2021). *Memoria anual de generación y gestión de residuos.* <https://www.miteco.gob.es/es/calidad-y-evaluacion-ambiental/publicaciones/memoria-anual-generacion-gestion-residuos.html>.

no es solo del nombrado ministerio; tienen mucho que ver otros responsables, bien sea en forma de gobiernos de CC. AA. o ayuntamientos. Las industrias también incumplen lo comprometido y algunas, solo unas pocas, se llevan sanciones por ello. La ciudadanía anda con el traje de camuflaje basural. Durante estos días del *black friday* lo ha enriquecido.

Sigamos amontonando desperdicios educativos y materiales. Aquí recogemos textualmente de la página antes mencionada de *Eldiario.es:*

> Hay una escasa implantación de la «recogida separada», afirma el responsable del área de residuos de Ecologistas en Acción, Carlos Arribas. El desecho selectivo —cartón, por un lado, envases, por otro, vidrio y basura orgánica— favorece mucho la posibilidad de reciclar. En España la separación solo alcanza el 20 % de esos 22 millones de toneladas, según la *Memoria* del Ministerio de Transición Ecológica.

Fijémonos en el tránsito de la ropa usada. Podríamos hablar también de la pocilga en la que gente desaprensiva ha convertido una nave abandonada en Humanes[7] (Madrid). Nadie sabe de dónde vino y en dónde acabará esa imagen tétrica del consumo humano. Si bien sospechan por allí que el origen de los detritus son contenedores falsos de donaciones de ropa, utilizada realmente para revenderla ilegalmente. Esto de la ropa usada daría para escribir una enciclopedia. Se decía que iba a producir un *boom* del reciclaje en 2025,[8] ante la normativa —Ley de residuos— que en ese año obliga a los ayuntamientos a ser más cuidadosos. Puestos a pensar no sabemos cómo lo harán las marcas de moda, que tendrán que implicarse en la recogida de prendas usadas en sus tiendas, no podrán tirar los excedentes y deberán crear consorcios para gestionar sus desechos. Ojo al dato: en España se desechan unas 900 000 toneladas de ropa al año, y el 88 % acaba en vertederos, según el informe *Análisis de la recogida de la*

---

7   A. Farnós (2023). «Viaje a la pocilga de ropa abandonada de Humanes, un lugar espantoso al que no volver». *El Confidencial* (11/02/2023). <https://www.elconfidencial.com/espana/madrid/2023-03-11/pocilga-humanes-poligono-naves-ropa-abandonada_3590684/>.

8   M. A. Medina (2023). «Cómo será el auge del reciclaje textil en 2025 y a dónde irá la ropa usada». *El País* (20/03/2023). <https://elpais.com/clima-y-medio-ambiente/2023-03-26/como-sera-el-bum-del-reciclaje-textil-en-2025-y-a-donde-ira-la-ropa-usada.html?event_log=oklogin>.

ropa usada en España.[9] De la que sale de la cadena acumulativa, el 12 %, parece que va a contenedores de ropa y, de allí, a modernas plantas que seleccionan las prendas —incluso aquellas que se encuentran en mal estado— y las reúsan o reciclan para… No me quedo con todas esas maniobras ni tanto dato, por lo que debo meterme de cabeza en el mundo de los residuos, de cuánto y cómo se recicla en España, en la web del Ministerio de Transición Ecológica se explica a dónde van los residuos.[10]

Y es que la ropa era, ¿es?, moda. Es más, leo que el desprestigio de la ropa de segunda mano se va a limitar también por la necesidad de recogerla en las tiendas, nuevas leyes así lo dicen, y porque según cuenta ese artículo gracias a la sostenibilidad la segunda mano ya no es cutre: «Cada vez está más de moda». Sin duda, por ahí están Wallapop, Vinted, o Milanuncios. Me acabo de enterar al preparar este artículo que hay una tienda Humana Vintage[11] en la calle Hortaleza de Madrid, junto a la Gran Vía, que pone cara amable a nuevos tiempos en la ropa usada. El mensaje del escaparate lo dan maniquíes con prendas antiguas; no exhiben rodilleras remendadas en los pantalones como las que añadían la mujeres de mi pueblo —casi siempre con telas de tonalidades diferentes a las primitivas—. No teníamos ni idea de que estábamos adelantándonos cincuenta años a la moda *vintage*. Así debía ser porque el jersey que ya te quedaba pequeño se convertía en lana bien lavada y estirada. Combinada con alguna madeja nueva de otro color componía una chaqueta o jersey jaspeados que quedaban la mar de llamativos.

Pero mi sorpresa aumenta cuando me entero de que Zara (la madre más importante de la vestimenta en casi todo el mundo) apuesta por la recuperación de ropa usada y arreglo de botones, rotos y cremalleras. Es más, ha creado una plataforma en el Reino Unido, que ahora hace extensible a España, *Zara-pre-orne*[12] a la que el usuario normal de sus tiendas

---

9   MODA-RE S. Cooperativa de Iniciativa Social (2021). *Análisis de la recogida de la ropa usada en España*. <https://modare.org/wp-content/uploads/Analisis-de-la-recogida-de-la-ropa-usada-en-Espana.pdf>.

10   <https://www.miteco.gob.es/content/dam/miteco/es/calidad-y-evaluacion-ambiental/publicaciones/RESIDUOS_tcm30-185216.pdf>.

11   *Humana*. <https://www.humana-spain.org/que-puedes-hacer-tu/comprar-ropa/>.

12   <https://cincodias.elpais.com/companias/2023-12-05/zara-pre-owned-donde-se-puede-arreglar-su-ropa-y-vender-de-segunda-mano-ya-tiene-fecha-de-lanzamiento-en-espana.html?event_log=oklogin>.

puede acudir para arreglar su ropa y comprar la de segunda mano. ¡Si me lo dicen en mis tiempos mozos, no me lo creo! Bueno sí, porque en mi infancia monegrina los restos de ropa remendada —toda la ropa, lana, etc.— se guardaba en un saco. Se los llevaba el trapero que venía por el pueblo y te los cambiaba por naranjas o la fruta que hubiese en ese tiempo. No eran como los Traperos de Emaús,[13] pero casi.

Pero volvamos a lo de mi pantalón en Togo. Si todo fuera como debe ser, o debería serlo dentro de muy poco, esa camiseta con chip que Greenpeace metió en el montón no debería haber llegado a Togo. Me imagino a mi pantalón en Togo. Lo deposité en Zaragoza en las máquinas traga-ropa de mi ayuntamiento, que lo llevaría sin duda a una planta verdadera de reutilización de ropa. Miento deliberadamente: ¿a saber dónde está ahora mi pantalón roído al que ya le había arreglado dos veces la cremallera? ¡Qué pena que se me olvidase ponerle un chip y hacerle seguimiento! Pero no es necesario. Sé por mis amigos de Greenpeace que la ropa usada, cuyo final no se sabe, deja una huella quilométrica en su camino hacia el infinito.

Me gustaría acabar este artículo con un buen deseo: la ropa usada se hace *cool*, que para quienes no nadamos con soltura en inglés quiere decir algo así como que «mola cantidad». Esto lo podría haber dicho Manolito Gafotas. De paso, gracias, Elvira Lindo, por procurarnos tantos gratos momentos en los que para nada había basura mental; todo se convirtió para nosotros en pensamientos reutilizados a los cuales dimos larga vida, incluso nos completaron la estructura mental.

3. Ecosociedad silente

Pocos años como el pasado han mostrado señales tan impactantes sobre la sociedad ecodependiente. El tiempo meteorológico, principio y fin del indiscutible cambio climático, no ha contentado a casi nadie, menos aún a quienes desearían dominarlo para incrementar beneficios dinerarios. Muchos de ellos, grupos energéticos y fondos de inversión ubicados en el limbo sin fronteras, combinan el disfraz reclimatizador con actividades

---

13   <https://emaus.org/>.

altamente contaminantes que van contra la progresiva descarbonización. Para pasar inadvertidos crean campañas de ecopostureo social. Hoy mismo su mayor desembolso en publicidad tiene color verde esperanza.

El clima, antes soportable por sus ritmos ya aprendidos, se ha rebelado en forma de calores insufribles en oleadas que atizaron incendios pavorosos y graves sequías. Tras ellos, la sociedad sosegada apenas se inmuta, como no le quede cerca. Los récords de temperaturas máximas se enlazaron en cadenas limitantes. La agroganadería soportó nuevas dificultades, los precios de los alimentos se dispararon y no han bajado. Aun así, la sociedad apenas varió su forma de entender la vida colectiva, esa nebulosa que queda lejos en el espacio o en el tiempo.

Vino la invasión rusa de Ucrania —ahí sigue— y nos recordó que todo está interconectado. El alza de precios por la escasez del comercio mundial no hizo sino recrecer, lastimando como siempre a los más vulnerables, a los más pobres. Pero a la vez nos demostraba que todos somos ecodependientes e interdependientes. Las colas delante de los centros que repartían comida dejaron de ser una anécdota. Mostraron lo mejor y lo peor de una sociedad enmudecida: la ayuda social y el olvido de las calamidades ajenas. Porque en España casi un tercio de las personas se encuentran bajo el umbral de la pobreza (la COVID tuvo parte de la culpa, pero no toda). Solo claman por esas anónimas sufrientes las ONG como Cáritas, Cruz Roja, Unicef, Save the Children, Oxfam, etc. Se ocupan sin descanso en dignificar la vida global, socorridas por los ciudadanos que las sostienen con donativos. Algunas cuentan con ayudas de organismos oficiales.

Los precios de los combustibles motivaron despliegues políticos antes apenas vistos. Eso parece que incentivó el desarrollo de las energías renovables, inundando de molinos enormes muchos lugares de la España despoblada, del erial donde dicen que nunca pasa nada. Tantos gigantes que asustarían hasta al mismo Quijote. A la vez, España duplica la generación eléctrica con gas y carbón en lo que va de año; el mundo quema más carbón que nunca. Las gasolinas por las nubes, pero todo quisque se iba de vacaciones, quizás para liberarse de penurias pasadas o venideras. Al final se celebró la COP27 sobre el clima y no dio argumentos para que disminuya el desapego social a los grandes problemas.

Que la sociedad es ecodependiente lo demuestran incendios como nunca, costas arrasadas, pueblos anegados por lluvias torrenciales, incertidumbres agroganaderas, ríos sin caudales fijos, etc. Frente a este cúmulo de incertidumbres, solamente cabe despertar, salirse del silencio, demandar a la clase política que cambie los insultos por propuestas, aproximarse al gobierno de cercanía para reclamar derechos perdidos por mucha gente. El Pacto Verde Europeo es manifiestamente mejorable: aquí mismo se ha empleado en resucitar actividades de cuestionable valor añadido porque tienen graves peajes ambientales; luego, de verde, poco en la balanza. Menos mal que la luminaria navideña oscureció los pesares o los dejó en pausa.

Para rescatar esperanzas hacia 2023 acudo al «bienser» de Emilio Lledó.[14] Nos despierta de la melancolía, nos invita a no rendirnos, a ir más allá de los lugares comunes pisoteados. A preguntarnos en más de una ocasión por el verdadero significado de la honestidad. A buscar el «bienser» antes que sublimar aquello del «bienestar», que tanto predicamento tuvo que ha oscurecido la dignidad personal y colectiva. A explorar el beneficio del humanismo colectivo. Recuerdo decir al maestro que cualquier postura insolidaria —añado contra el planeta y sus criaturas— es un atentado contra el hombre. Lo aplico al deseo de que, entendiendo lo que tenemos ahora, hagamos memoria de los aprendizajes ecosociales guardados y midamos el tiempo de prórroga que podemos permitirnos en relación con ciertos lujos de vida aislada. Al menos, sintamos y practiquemos la rebeldía ecosocial tranquila, pero a la vez insistente.

4. El lío de las renovables

Cuando todos pensábamos que las energías renovables iban a resolver nuestras penurias de golpe, resulta que no. Veíamos en ellas menos afecciones ambientales, pero también sociales, pues reducen las dependencias energéticas foráneas a la vez que mejoran la contaminación del aire urbano, ayudan a la estabilización de los precios de todo consumo diario (incluidos alimentos y otros productos) y restan pobreza energética.

---

14   <https://www.youtube.com/watch?v=MPq8U-zMcVs>, <https://lecturassumergidas.com/2020/04/28/emilio-lledo-busquedas-dialogos-humanismo-bienser/>.

Para empezar, habrá que subrayar que la energía más limpia y barata es aquella que no se consume, que se ahorra. Esta es la base de la transición energética, tanto en domicilios privados como para el interés público, pero hay más.

En primer lugar, debemos descifrar el eslogan «renovables sí, pero no así». El acuerdo unánime en retardar la ya inevitable crisis climática —uno de cuyos vectores principales es la energía— no se consigue de la noche a la mañana, ni solo con renovables; hay que concertar intereses personales, sociales, empresariales y ambientales. También esmerarse en la pedagogía de la posibilidad de transición energética. La creciente crisis mundial tras la invasión de Ucrania ha acelerado la reflexión energética; es lo único positivo que ha traído. Pero en la transición social se han mezclado demasiados intereses de los inversionistas a lo grande, en su beneficio claro.

No hace mucho leímos la noticia de que el Ayuntamiento de Zaragoza —como los de otras ciudades y pueblos de España— pretendía poner placas en los tejados de ochenta y ocho colegios para así ahorrarse en torno a dos millones de euros anuales. En otros lugares se incentiva el autoconsumo y la creación de comunidades energéticas que gestionan sus necesidades y producción. Al tiempo, emerge la oposición de los habitantes de la zona rural a la instalación de macroparques eólicos o fotovoltaicos, a pesar de que suponga la reducción de ingresos en sus depauperadas arcas municipales. También, sectores ecologistas critican la rebaja de exigencias ambientales para los parques energéticos de más de 50 MW, que la Administración declara de interés público superior, norma *ad hoc* temporal que será recurrida. Chirrían sus dilemas jurídicos, entre ellos el cambio de protección de lugares singulares casi vírgenes por plantaciones renovables que anulan el conjunto paisajístico, en algunas zonas casi su único patrimonio colectivo.

Con esto se origina un cisma ideológico y social en la lucha climática. Hay que abrir un debate profundo, necesariamente colectivo, que analice conjuntamente el abandono inmediato de los combustibles fósiles y la protección de los enclaves singulares. Algunos defienden no posponer la transición, pero que esta no se haga únicamente a costa del suelo local, sino que entren en juego expansiones renovables combinando la instalación fotovoltaica en tejados —comunidades energéticas— con los parques en suelos ya degradados como cubiertas de aparcamientos o instalaciones públicas, a lo largo de la red ferroviaria, encima de antiguos vertederos, o en instalaciones mineras o industriales abandonadas (caso de la térmica de Andorra). Es necesaria una programación pública que ordene adecuadamente los espacios.

Hay que recordar que el Plan Nacional Integrado de Energía y Clima (Pniec) persigue una reducción de un 23 % de emisiones de gases de efecto invernadero (GEI) en 2030 con respecto a 1990. No todo es posible ya. Pero la malla de transporte eléctrico es amplia en España; por eso puede combinarse el autoconsumo cerca del destino, compensado en sus excedentes, con otras soluciones. Porque la transición energética supone electrificar demandas nuevas como el transporte, la calefacción o la industria. Con todo, es necesaria una buena planificación pública previa que cuestione las apetencias arrasadoras de fondos de inversión *(lobbies)* y empresas energéticas —se han repartido el pastel, aprovechan los agujeros negros de las finanzas renovables y pintan de verde su publicidad—. Ese esfuerzo de comunicación ha de explicar a la ciudadanía qué se haría con la energía renovable sobrante, si la hubiere.[15] ¿A quién beneficiaría? Vendría muy bien que se destinase a paliar la pobreza energética que padecen muchos hogares.[16]

Por cierto, el lío de las renovables no acaba aquí, aun cuando la demanda de gas y electricidad haya bajado un poco con respecto a 2021. Está el asunto del hidrógeno verde —muy verde al menos en transporte y almacenamiento—, la partición de proyectos para obviar ciertas normas, las otras ¿renovables?, así como la educación de la ciudadanía y empresarial. Por eso, es imprescindible una programación pública, participada y consensuada, para desenredar la madeja renovable y ser energéticamente independientes a futuro, sin excesos.

Algunos días y horas varios sitios de España satisfacen sus demandas eléctricas con energías renovables. Quienes no sabemos de esto barruntamos que lo de las renovables es una madeja que tiene demasiados nudos. No siem-

---

15 A. Barrero (2023). «España, potencia exportadora de electricidad renovable». *Energías renovables. El periodismo de las energías limpias* (24/04/2023). <https://www.energias-renovables.com/panorama/espana-potencia-exportadora-de-electricidad-reno-vable-20230424>.

16 Ecodes. *Ni un hogar sin energía*. <https://ecodes.org/hacemos/energia-y-personas/cultura-energetica-y-pobreza-energetica/ni-un-hogar-sin-energia/que-es-la-pobreza-energetica>.

pre beneficia a quien la produce. Casi siempre llegan sus chispas a negocios e intereses lejanos, a países diferentes. ¿A cambio de qué? Aquí lo dejamos.

5. Lecciones de autoaprendizaje para entender la interacción ecosocial con los plásticos

El día 5 de junio se recuerda en todo el mundo, desde hace ya cincuenta años, que el medioambiente existe, que formamos parte de él, que nos mantenemos en interacción constante con el conjunto de características físicas que lo definen y con todas las criaturas que lo habitan. Este año se focaliza su celebración en Costa de Marfil. Pone su acento sobre los 400 millones de toneladas de plásticos que se producen en todo el mundo; ese país lo sufre —especialmente en las lagunas de Abiyán, sepultadas en plástico— y también en lugares cercanos como Ghana. Saben bien lo que supone ser uno de los estercoleros plásticos del mundo, incluidos los nuestros. Pero hoy es un incipiente ejemplo en reutilización.

Por eso nos hemos atrevido, en este 6 de junio —un día después para no interferir en las múltiples llamadas de ese día a «salvar el planeta»— a hablar de los plásticos en forma de lecciones a aprender. Que sepan que todas esas sugerencias e invitaciones son para salvarnos nosotros y llevar una vida placentera, y de paso dejar más tranquilo al planeta, y no plastificarlo ni por tierra ni por mar (afectan incluso a las bacterias que liberan el 10 % del oxígeno que respiramos) ni por aire. Esta sería la primera sugerencia de autocomprensión. Vamos a anotar aquí otras lecciones más de autoaprendizaje; nos gusta más que lo de autoayuda porque adquiere valor cuando se comparte con los demás. Se asume el hecho de que la actuación en cualquier dimensión de la vida tiene algo de colectiva. Por eso nos gustaría que quienes esto lean, valoren su grado de acuerdo e implicación (nada, algo, bastante, mucho) con las siguientes cuestiones:

- El autoaprendizaje sobre el plástico se debe acometer entre toda la sociedad; ella es ecodependiente del universo plástico.

- Es necesario conocer lo que se sabe sobre los plásticos y su recuperación y, si no se sabe, acudir a que la ciencia nos lo explique, no a páginas de internet aleatorias.

- Es tiempo de transiciones culturales, de sociedades responsables con menos plásticos. Debe acabarse su idolatría.

- La invasión plástica, como otros problemas ambientales, no conoce fronteras de países y continentes, aunque determinadas poblaciones sufran más.

- La ciudadanía empieza a ser consciente del deterioro ambiental que se ha autogenerado a sí misma —con los plásticos no biodegradables— y está infligiendo al planeta.

- Las emociones dominantes que ha sentido ante un problema ambiental plástico han sido: el interés, la impotencia, el disgusto, la indignación o el enfado. (Subrayen al menos 2).

- Pensemos si falta o no el compromiso continuado para implicarse en la solución de la invasión plástica y sus consecuencias. (si nos encontramos entre los negacionistas o retardistas, no deberíamos responder a la cuestión; poco importa lo que digan).

- Cada implicación personal es fundamental, pero quienes deben resolverlo son los gobiernos y las empresas que fabrican objetos con plástico.

- Vivimos en una era de irresponsabilidad organizada en los temas colectivos como es el uso masivo de plásticos.

- Pensemos si padecemos disonancia cognitiva. Nos cuesta mucho reaccionar ante una problemática ambiental que vemos clara.

- Hay que elevar la ecodependencia a la categoría del símbolo de los tiempos; ahí no caben tantos plásticos.

- Hay que potenciar el papel de la gente joven —que no conocen una vida sin plásticos— en la solución de los problemas ambientales generados por su uso, sin recriminaciones gratuitas, y con acompañamientos positivos.

- Necesitamos una ética socioambiental que nos convierta en hacedores de la ciudadanía del futuro, mejor si es global en forma de esperanzas.

- Todas estas cuestiones y muchas más se podrían resumir en dos. Primero, hay que actuar ya frente al peligro plástico, de lo contrario, los problemas se agrandarán. Segundo y punto final: se trata de consolidar una justicia ambiental que sea el núcleo del liderazgo comprometido y compartido permanentemente en la acción educativa crítica (formal y no formal) en el contexto de una vida plastificada.

P.D.: Contemos los nada, algo, bastante y mucho. Saquemos consecuencias y valoremos qué hacer. Podemos comentar en familia o trabajo los contenidos de este catálogo de reflexiones. Y enviarnos sus conclusiones y otras acciones que no hayamos citado. Hay ejemplos de lecciones aprendidas en UICN, Euroclima, FER (Fundación Energías Renovables), AEMA (Agencia Europea del Medio Ambiente), PAEAS (Plan de Acción de Educación Ambiental para la Sostenibilidad) del Ministerio de Transición Ecológica, Climate-Adapt de la Unión Europea, National Geographic, Programa Marco Ambiental Euskadi 2030, Naciones Unidas de los Derechos Humanos, el informe *The Business Case for a un treaty on plastic pollution*[17] y muchas más, sobre cuestiones ambientales en general y ligadas especialmente a los plásticos. Una secuencia dura es la que presentan las montañas plásticas de Atacama[18] (Chile) o en las cinco islas de plástico que manchan los océanos y nadie quiere limpiar.[19]

6. La basura asedia España, mientras los españoles «se hacen los suecos»

Más que «asedia» deberíamos haber dicho «enmierda», que lo define mejor y está en el diccionario de la RAE, pero no queríamos molestar a las personas sensibles. De estas va la entrada. Me refiero a la cantidad de mujeres y hombres que sienten como propias —aunque no las hayan generado— las suciedades, porquerías y desechos que hay abandonadas por todos los lugares; de autoría anónima, o más o menos conocida. El caso es que habría que exclamar más de una vez aquello de «¡idos a la mierda!». Esta patria nuestra, que tantos mundos raros conquistó, ha sucumbido a lo que

---

17   WWF, The Ellen MacArthur Foundation, Boston Consulting Group (BCG) (2020). <https://wwfasia.awsassets.panda.org/downloads/un_treaty_plastic_poll_report_a4_single_pages_v15_web_prerelease_3mb.pdf>.

18   <https://www.youtube.com/watch?v=uJc0J__Ii6s>.

19   <https://www.youtube.com/watch?v=hoD3ghHhqq8>.

aparentemente no sirve para nada: se colecciona basura cual Diógenes social. ¡Hasta en eso estamos despistados!

Sepan quienes lean esto que cuando era joven el que esto escribe, apenas se hacía basura. Casi toda era orgánica y la que no, metálica o papel, admitía usos posteriores. Por ejemplo, las latas, que cuando se generalizaron se convirtieron en una maravilla de la ingeniería, transitaban una y otra vez en la vida en varios usos: guardalápices, monederos de casa, guardianes de semillas o chocolates, etc. Y también eran coches o camiones cuando hacia los años sesenta en España la inteligencia infantil superaba la carencia monetaria. En suma, material de manualidades diversas en el entretenimiento creativo de pequeños y mayores.

¡Quién no admira las sencillas latas de sopa Campbell, convertidas en arte de la mano de Andy Warholl! Lo que no conocía es que la Real Conservera Española se había empeñado en una iniciativa llamada *Arte en lata*,[20] un proyecto artístico presentado en Arco 22 Madrid. Incluso podemos avanzar que las latas, aluminio o metal de los contenedores amarillos son las reinas en la recuperación de materiales del contenedor amarillo. Sobre a dónde va lo que se deposita en estos contenedores, mejor no hablar. De todas formas, a la UE no se le escapa casi nada sobre los residuos, al menos en forma de reglamentación.

Hace ya más de un año que la Comisión Europea nos llamaba cochinos por la mala gestión de las basuras, exactamente por la no prohibición de los plásticos de un solo uso y no poner fin a la comercialización de pajitas, bastoncillos y cubiertos de plástico. Además de llamarnos la atención sobre el hecho de que nuestro Parlamento no hubiese aprobado todavía la ley que organiza los residuos.

El ojo que todo lo observa le invita al cerebro a que piense si cuando alguien compra una entrada para alguno de esos eventos multitudinarios —que tanto abundan en España— sabe que una parte del costo se debe al derecho del público a sembrar de guarradas el lugar. En cuanto acabe la representación, entrarán los diligentes limpiadores y limpiadoras y nos esconderán las inmundicias. Uno se pregunta sin encontrar respuesta definitiva:

---

20   <https://realconservera.com/arte-en-lata/>.

¿Somos menos cuidadosos cuando actuamos en grupo o en la intimidad?, cuándo vamos serenos o si nuestra capacidad de atención está minorada por algún estimulante, ¿valdría de algo que las estrellas que juegan o cantan recomendasen varias veces a los seguidores llevarse sus residuos a casa?

Da igual que el Congreso de los Diputados aprobase en diciembre de 2022, por fin, la Ley de Residuos y Suelos Contaminados para una economía circular.[21] Tras sensibles peleas se consiguió que se vetase de una vez la comercialización de determinados utensilios de plástico de un solo uso como pajitas, vasos y platos, y que se prohibiese añadir microplásticos a cosméticos o productos de limpieza; esas bolitas que los comerciantes señalaban que eran la última maravilla por su efecto rascador/limpiador. Es más, aunque no se haya publicitado mucho, la ley contenía la obligación de que bares y restaurantes ofrezcan agua no embotellada gratis a los clientes, además de impulsos a la venta a granel y otras «menudencias fundamentales para una vida más saludable»; como la prohibición de fumar en las playas, la retirada del amianto, la prohibición de destrucción de excedentes.

A un ministro casi lo meten en una bolsa de basura y lo lanzan al camión de recogida cuando se atrevió, qué osado, a proponer la desaparición de los plásticos de la cadena alimentaria. La Unión Europea nos mira con malos ojos o debe frotárselos porque no entiende lo que ve. En esta economía que tanto crece —dicen que la primera de Europa— las basuras son el adorno feo de todo. Pero la gente parece que se encuentra a gusto con el asunto: el usar y tirar es una señal de poderío mientras que recoger algo de un contenedor de la calle para ver si se le puede dar un segundo uso es cosa de pobretones; entre ellos quien esto escribe. Cuando veo a alguien mirarme con mala cara por llevarme un objeto de un contenedor de obras, me acuerdo de aquello de que lo que para unos es un desecho, puede ser un tesoro para otros.

Quien quiera buscar la vida de las basuras, que lea *El país de las últimas cosas* de Paul Auster y se entere del valor social de los «fecalistas», que tenían la consideración de funcionarios públicos a los que se entregaba incluso vivienda. No sé por qué relaciono todo esto con aquel poema de Calderón de la Barca que decía:

21　<https://www.boe.es/buscar/act.php?id=BOE-A-2022-5809>.

Cuentan de un sabio que un día
tan pobre y mísero estaba
que solo se sustentaba
de unas hierbas que cogía.

¿Habrá otro, entre sí decía,
más pobre y triste que yo?;
y cuando el rostro volvió
halló la respuesta, viendo
que otro sabio iba cogiendo
las hierbas que él arrojó.

Quejoso de mi fortuna
yo en este mundo vivía,

y cuando entre mí decía:
¿habrá otra persona alguna
de suerte más importuna?

Piadoso me has respondido.
Pues, volviendo a mi sentido,
hallo que las penas mías,
para hacerlas tú alegrías,
las hubieras recogido.

(Fragmento de *La vida es sueño*)

El cubo de la basura es parte de nuestra historia más íntima, aunque no todas las personas lo veamos así. ¡Si supiera hablar! Tanto duele que el poeta Rafael Morales le dedicó una estupenda alabanza al nunca bien ponderado objeto que nos pasa desapercibido. O será por eso que él lo tituló *Cántico doloroso al cubo de la basura*. Dice así:

Tu curva humilde, forma silenciosa,
le pone un triste anillo a la basura.
En ti se hizo redonda la ternura,
se hizo redonda, suave y dolorosa.

Cada cosa que encierras, cada cosa,
tuvo esplendor, acaso hasta hermosura.
Aquí de una naranja se aventura
su delicada cinta leve y rosa.

Aquí de una manzana verde y fría
un resto llora, zumo delicado
entre un polvo que nubla su agonía.

> Oh, viejo cubo sucio y resignado:
> desde tu corazón la pena envía
> el llanto de lo humilde y lo olvidado.

Seguro que después de leer la elegía de Rafael Morales lo vemos de otra forma. Vamos a suponer que se dispone en el domicilio, y se emplean bien, recipientes diferenciados de papel usado, vidrios, plásticos —la mayor parte no admiten el reciclado con los recursos disponibles hoy— y el laterío. En la calle hay contenedores específicos para depositar cada residuo. Aunque los amarillos sean también los contenedores de dudas: después de tanto tiempo no nos dicen o no sabemos qué echar realmente allí. Imaginemos que pertrechados de guantes extendemos encima de papel de periódico o cartón en el suelo todos los residuos de un día en nuestra casa. Escribamos una relación entre cada residuo y cómo lo hemos generado; tendremos redactado el diario del consumidor/a. ¡Puerca vida! Por cierto, los suecos nos ganan en la menor producción de residuos y en el tratamiento respetuoso de estos.[22] ¡Hagámonos los suecos, de verdad, en esto!

En *Las ciudades invisibles* de Italo Calvino los basurales de las afueras de unas ciudades se juntaban con los de otras; el mundo era la basura y no se sabe qué. Y como esto va de que la vida residual, de un poema lúgubre que habla de residuos, vamos a terminar con un comentario de lo que decía aquel poeta A. R. Ammons en el largo y complejo poema *Entre los vertederos y el vertido;* y más especialmente de sus extremos basurales. Quería plasmar de forma dialéctica el incesante transcurrir entre lo concreto y lo abstracto, lo orgánico y lo inorgánico, lo hecho y lo desecho, lo aprovechable y lo desechable, lo sublime y lo vil, la vida y la muerte.

P.D.: Tanto poema no nos impide decir que en el asunto de los residuos merecemos un suspenso clamoroso y todas las sanciones que nos lleguen. ¡A ver si así espabilamos!

---

22 L. Belenguer (2023). «Los ecologistas denuncian ante Bruselas el incumplimiento de España de los objetivos de reciclaje y reclaman "un cambio de rumbo"». *20minutos.es* (3/03/23). <https://www.20minutos.es/noticia/5106386/0/ecologistas-denuncia-bruselas-incumplimiento-objetivo-reciclaje-espana/>.

7. Odio al medioambiente

Una persona puede aborrecer el medioambiente en general —escrito junto por sugerencia de la Fundéu— por algún hecho luctuoso acaecido en su vida. Más complicado es entender las razones por las que algún partido, aquí y en Europa, pone una y otra vez el escudo negacionista del medioambiente en sus alianzas para gobernar. Solo encuentro una razón: odian el medioambiente. Imagino que entre los políticos electos habrá gente preparada para gestionar el patrimonio común. De lo contrario no se deberían haber presentado a unas elecciones que configuraron parlamentos o ayuntamientos. En ambos, la primera y principal premisa de los elegidos es buscar el bien colectivo.

¿Por qué el odio se ceba con el medioambiente? Los que se oponen a dejarlo en paz lo ven como el origen de todos los males, por las dificultades que plantea en casos concretos o consolidados. Olvidan que la acción antrópica hace de aceleradora en muchas ocasiones. También sucede en Alemania —otrora paraíso de los Verdes—, Finlandia, Nigeria, Brasil, etc. En algún país, las disputas han acabado en violencia, en ataques personales en lugar de incentivar el debate político. Parece que la cosa no ha hecho nada más que empezar.

A quienes miramos el medioambiente de una forma amigable nos tachan de extremistas por hablar de ecodependencia. Durante la campaña para las Elecciones Generales en España hemos escuchado desaires ambientales de alto calibre. Se ha hablado de suprimir la Agencia Estatal de Meteorología; será porque no nos procura el tiempo meteorológico que queremos. Se ha mostrado la imposibilidad de configurar un gobierno en la Comunidad de Murcia por no querer derogar la ley que intenta regenerar o dar vida al muerto Mar Menor. Desatención en la que la Unión Europea tiene puesta su lupa y anuncia previsiones de castigos por incumplir las leyes europeas. Por cierto, quien manda sobre medioambiente en el Gobierno balear es un afinado cazador y negacionista climático, con la que está cayendo este verano en las islas, de calor en tierra y agua. Más lo que queda por ver en toda España.

Los partidos del Gobierno en la Comunidad de Andalucía están de acuerdo en legalizar las extracciones del acuífero de Doñana —casi sin agua— y ampliarlas. Corre peligro su catalogación como Parque Nacional, pero ni por esas. Parece que el lema se reduce a castigar todavía más el entorno por no darnos a raudales lo que le pedimos: el agua que no existe. En Bruselas ha fracasado el intento de los conservadores de tumbar la Ley de Restauración de la Biodiversidad. Pero es que el odio o la despreocupación por el medioambiente no solo es cosa de la derecha. Otro tanto han hecho con las Tablas de Daimiel gobiernos de otro partido; y qué decir del *macrorresort* de Valdecañas en Extremadura, al que el Tribunal Supremo ya ha puesto fecha de derribo. Sin olvidar el pretendido atropello de la Canal Roya en el mágico Pirineo aragonés, que no se ha cerrado.

Aún hay más. El Seprona (Servicio de Protección a la Naturaleza) de la Guardia Civil denuncia vertidos ilegales al Guadiana que han aniquilado los peces, incendios intencionados, colocación de venenos para acabar con ciertas especies, etc., y muchas más agresiones que se multiplican en España; otro tanto sucede en el mundo. Estos delitos de odio quedan impunes la mayoría de las veces; al menos aquí. Reproducimos las palabras de José Javier Rueda en el *Heraldo de Aragón* del 7 de julio de 2023: «como las élites no son capaces de pactar soluciones para calmar los miedos de la ciudadanía, políticos antisistema alcanzan el poder mediante los viejos discursos de odio».

Quizás la raíz del mal (des)gobernar intencionado está en una mezcla de ignorancia, egoísmo y codicia. Lo que hacemos al medio ambiente denota cómo somos porque el deterioro es recíproco. Dicen que no hay mayor corrupción que la de la mente, responsabilidad casi total de quienes lanzan soflamas y algo de culpa en quienes no las discuten. Como queriendo dar una patada a los ecologistas o la ciencia ambiental por avisarnos de la no felicidad idílica. A quienes anhelamos un medioambiente global amigable nos alerta lo que decía Emilio Lledó sobre el peligro que corremos de que ignorantes con poder —a los cuales despreciamos por no querer escuchar— gobiernen nuestras vidas, tanto en España como en Europa; qué decir del mundo. Pensemos en aquello que nuestra loada Irene Vallejo expresó: la ignorancia crea más seguridades que el conocimiento. Además, los medios de comunicación fabricaron un país en el que los odiadores no paran de crecer. Las incógnitas no se despejaron el día 23 de julio. Las alianzas socioambientales serán inevitables si no queremos sufrir destrozos continuos, quien sea que gobierne.

8. El calor sufriente de los pobres

Tanto en verano por su virulencia como en invierno por su falta, el calor es inmisericorde con los pobres. Se convierte en una carga vivencial más, que aumenta exponencialmente los rigores de sus vidas. A nadie se le escapa que las personas con ingresos más bajos tienen muchos más problemas para enfrentarse a las olas de calor, o al calor permanente que los ricos sortean mejor. Pero de este matiz poco se dice.

Hemos leído en *Earth Future* (una red global de científicos, investigadores e innovadores que colaboran para un planeta más sostenible)[23] que las personas con menos ingresos están un 40 % más expuestas a padecer las olas de calor. Dos factores son determinantes: la situación geográfica en el escenario global, país o región y la carencia de recursos para huir del calor asfixiante. Los números de la gravedad de la situación son fáciles de calcular. Pensemos en la cantidad de personas muy expuestas en cada lugar. Multipliquémoslo por el número de días de olas de calor. Parece que las conclusiones de varias investigaciones apuntan a que la población más pobre (un cuarto del total) soportará tantas olas de calor como toda la población restante.

Pero, además, el aparataje eléctrico que los no pobres de los países ricos o medio ricos emplean para reducir su calor aumenta la demanda de energía. Los precios del kWh suben. Los pobres eléctricos no se pueden refrigerar ni con ventiladores. Solo les queda el recurso del abanico. La carencia de recursos frente al calor se suma a la pobreza energética que ya sufrieron en invierno. Pongamos en este grupo a personas mayores, inmigrantes, los y las sin empleo o con empleos precarios, gente alojada en infraviviendas (en especial en zonas de agricultura intensiva). Mientras los no pobres tienen piscina y aire acondicionado por toda la vivienda.

Además, las ciudades están diseñadas sin repensar que las van a habitar personas para quienes las sombras son útiles en verano. Las ciudades escaparate y las plazas minimalistas han olvidado que los árboles en las calles y plazas de las ciudades humanizan la agresividad de estas. Transitar por las modernas plazas es una aventura nada saludable en horas de calores

---

23 *Futureart*. Investigación. Innovación. Sostenibilidad. <https://futureearth.org/>.

extremos. Ni siquiera los viandantes pueden refrescarse porque el agua ya no mana por las fuentes, por la sequía.

Algunas urbes, en los países ricos, han creado refugios de calor. Los damnificados por las altas temperaturas limitan un poco sus pesares. A ver si así disminuyen las muertes inducidas por calor. ¡Qué horror en pleno siglo XXI! Hace un mes se conocía que en 2022 habían fallecido en España 1000 personas por esta causa, que agrava ciertas patologías y unas 60 000 en Europa. Lo dice ISGlobal de Barcelona que de salud y relación con factores medioambientales sabe mucho. España e Italia se encuentran a la cabeza de países con más muertes por calor.

Por qué resulta tan difícil ver las heridas del calor y actuar en consecuencia. Olas de calor en EE. UU., Canadá que se quema, China según regiones y en su capital. Arden la Europa Central y la Mediterránea, Marruecos, etc. Por todo el espacio intertropical se niega hasta el derecho humano al agua para paliar la sed y disminuir riesgos. Olas de calor marinas que afectan a casi todos los rincones del mundo. Algunas van en cadena alternando incendios pavorosos y aumentando lluvias torrenciales.

En algunas ciudades y pueblos han clausurado las fuentes que manan agua a demanda personal hasta en los parques. Su consumo a lo largo del mes no llenaría ni una piscina de las de uso privado. En otros sitios el agua domiciliaria no es apta para beber o guisar, debido a los tóxicos que contiene,[24] especialmente nitratos. Así, aumentan el consumo de la carísima agua embotellada. Otro sofoco para los pobres y sus calorinas. Por cierto, se afirma que Madrid ciudad puede contener la mayor isla de calor del mundo, pero el estudio está hecho con pocos datos científicos,[25] pero el calor es de órdago. Desconocemos cómo lo llevan ahí los pobres, tampoco si eso sonroja demasiado a los ediles que, seguramente, tendrán más recursos para evitar el calor individual.

Si esto sucede en la Europa rica o medio rica, qué no pasará en los países pobres. Según investigaciones de centros universitarios serios «el

24   H. Pérez y K. Hernando (2019). Ecologistas en Acción. <https://www.ecologistasenaccion.org/wp-content/uploads/2021/10/informe-contaminantes-agua-consumo-humano.pdf>.

25   <https://maldita.es/clima/20230825/madrid-ciudad-mas-efecto-isla-calor-mundo/>.

costo del calor extremo ha afectado especialmente a los países pobres y las regiones menos responsables del calentamiento del planeta, y es una tragedia». Se refiere tanto a efectos en cuestiones de salud e infraestructuras como a las heridas en la economía.

9. Letanías ambientales buscan ecologismo sostenido

Recordemos, sin pensarlo más de dos segundos, un condicionante medioambiental de la vida colectiva, aunque nos afecte poco personalmente. Después otro y otro, así hasta diez. Eso es más o menos lo que hacen institutos de opinión para sí mismos o por encargo de entidades varias. El eurobarómetro europeo[26] o la encuesta sobre los hogares españoles del INE[27] servirían de ejemplo. Los asuntos elegidos, presentados en un orden solo determinado por su importancia valorada, son, a veces, una idealización posible o deseos incumplidos. Componen una especie de letanía mediática que podría servirnos de guía de compromiso. Para nada religiosa, como esas que tanto prodigan los distintos cultos cuando hablan con sus dioses. Como tal, también está sujeta al poder del pensamiento y su vinculación con la razón más o menos objetiva. ¿Porque son racionales los principios religiosos? Lo dejamos aquí para que cada cual explore.

La lista que sale de una encuesta de opinión sobre las preocupaciones ambientales tiene claroscuros, agrupados en ventajas e inconvenientes. A veces, la misma ventaja es un inconveniente a escala global. Imaginemos que todas personas han puesto en primera posición el cambio climático. Muy interesante, pero algo complejo de conseguir para bien de tanta gente. A escala personal será una ligazón, más o menos seria, que impide/favorece la comprensión de la vida actual. Además, nos ayuda a prever un poco la futura para beneficio propio o de otras personas. Algo así como el disfrute y la esperanza interrelacionados. ¿Pero es posible semejante premio en este 2023?[28]

26   <https://www.europarl.europa.eu/at-your-service/es/be-heard/eurobarometer>.

27   <https://www.ine.es/ss/Satellite?L=es_ES&c=INEPublicacion_P&cid=1254735 117726&idp=1254735117726&p=1254735110606&pagename=ProductosYServicios%2 FPYSLayout&tittema=Medio+ambiente>.

28   BEI (Banco Europeo de Inversiones). *Los españoles apuestan por una transición climática justa en su país y en los países en desarrollo, según la 6.ª* encuesta sobre el *Clima del*

Por desgracia, no hay unanimidad a la hora de ver y prever el alcance de los problemas ambientales. Es lo que se conoce como disonancia cognitiva. Más o menos es hacer algo sobre una cosa muy diferente a lo que se piensa sobre ella. Volviendo al ejemplo del cambio climático. Se puede pensar lo que es, incluso que no gusta, y, a la vez, hacer algo que sin duda lo incentiva. No se llenen de ansiedad quienes lean esto. Esa tensión e incomodidad se da en muchas personas. Vivir razonándose todo es un ejercicio complejísimo. Un estadio personal si se quiere, pero también colectivo pues nos separa como sociedad. Sabemos por experiencia, y por lo que dicen voces reconocidas en la filosofía de la vida, que debemos convivir con paradojas y contradicciones. Diríase que querer vivir sin malgastar la vida de otros es una letanía de buenos deseos. Por eso recurrimos, sea inconscientemente, al autoengaño. Nos sirve para subsistir. Para no mirar a nuestro alrededor. De esto saben mucho —o lo ejercitan a las mil maravillas— los poderes públicos y los grandes tenedores del dinero o la influencia mediática.

Los humanos somos eso, humanos. Por lo que estamos sujetos a las contradicciones de la vida. Me parece que leí a Z. Bauman que la gente, los filósofos mucho más, se empeña en la ardua tarea de diseccionar las contradicciones de la vida con los útiles mentales del pensamiento. Así, tras un juicio reposado, las contradicciones se transforman en paradojas. Estas son a menudo como dolorosas espinas si las llevamos al cuerpo de la filosofía: la formal o la de comprensión de la vida. Me pongo en situación de la sequía generalizada en el arco mediterráneo. Intento razonarla y casi lo consigo. Me apoyo en que es normal después de tanto tiempo sin llover. Después vinieron incendios pavorosos en casi todo el hemisferio norte. Hasta en el lluvioso Quebec o en el oeste canadiense; un ejemplo de la paradoja. Trajo consigo muchos pesares a sus habitantes. Cómo entender la sequía y los incendios mediterráneos y después las cuantiosas y erráticas inundaciones que se llevan todo por delante. El paradigma podría ser la Grecia quemada e inundada. ¿Por qué unas gentes son más vulnerables que otras a las desgracias?

BEI (28/11/2023). <https://www.eib.org/en/press/all/2023-444-spaniards-demand-a-fair-climate-transition-at-home-and-for-developing-countries-sixth-edition-of-eib-climate-survey-finds?lang=es>.

Tal es el estado de la cuestión que estamos a punto de pleitear con los dioses griegos. Sin duda, una larga letanía sin provecho para el pensamiento o la razón. Paradojas y contradicciones, ansiedades y autoengaños. ¿Será eso la esencia de la vida? Nos engañó el dios cristiano y todos los predicadores con aquello de hacer el bien y no mires a quién.

Me da por pensar en el ecologismo sostenido. Aunque sea solamente para intentar responderme a una pregunta: qué querría decir J. Locke (1632-1704) cuando expresaba aquello de que si la sociedad civil tuviese una finalidad esencial esta sería evitar y remediar los inconvenientes del estado de naturaleza, que se producen forzosamente cuando cada hombre es juez de su propio caso. Me hago una pregunta personal que podría servir para otra gente que sufre de disonancias cognitivas en la cosa ambiental. ¿Será más sencillo cambiar las conductas para acercarme a la creencia o, al contrario, cambiar la creencia para acercarme a las conductas?, ¿un regulador podría ser los posibles damnificados de una u otra acción? Ciertamente, daría para muchas letanías, autoengaños o no, controversias y paradojas. Año 2023, por ejemplo. Un país: España como parte de Europa y sus circunstancias presentes y futuras. Pero no tengo la categoría de Ortega y Gasset ni sé si sabría quedarme en aquello de la ética cordial que aprendí de Adela Cortina.[29]

10. El viernes negro elimina la sostenibilidad, ¿y en Gaza?

Un poco fuerte empezar así, pero es necesario saber que nuestro corazón consumidor no escucha los razonamientos del pensamiento lógico, ese que combina la vida con la actividad cerebral. Bien sabemos que ambos necesitan de vez en cuando un relajo, que la vida ya es bastante compleja para estar recriminándonos siempre lo que hacemos mal; incluido quien esto escribe. Pero notarán que esta entrada va después de los días de la invasión consumista, lo llaman *Black Friday,* pero nosotros hemos preferido viernes negro, como recomienda la Fundéu. Tiene sentido pensarlo de cerca para construir conocimiento y pensamiento. Nos queda suficiente tiempo por delante hasta el siguiente día de la batalla del consumo.

---

29 A. Cortina (2021). «Ética cordial: compasión por los seres vulnerables». *Ethic* (28-05-2021). <https://ethic.es/2021/05/etica-cosmopolita-adela-cortina/>.

Hemos puesto en el título de esta entrada «elimina» porque hay gente que hace buenos propósitos durante todo el año. Pero al final cae en la red luminosa que nos llama por todos los rincones del mundo real y virtual a ser más felices consumiendo. Y para eso no hay nada como fogonazos de luz que nos atraen como las farolas hacen con las efémeras.

Tampoco los ayuntamientos nos lo ponen fácil. Compiten por ver cuál es el que más luces enciende con la excusa de la Navidad. Animan al consumo con sus derroches de luz navideña, que a este paso será de encendido permanente. ¿Tendrá algo que ver esa estrella —más bien sería un recuerdo del cometa Halley, pero Giotto di Bondoni la llevó a un cuadro en 1305 y desde entonces la estrella de Belén tienen cola y cinco puntas? Se dice (san Mateo) que guiaba a los Magos de Oriente en su travesía por Oriente Medio hasta llegar a Belén. Luz y Navidad; no lo había pensado hasta ahora, pero parecer ser que Halley— estaba por ahí cuando nació Jesús. Es más, he leído en un periódico un titular que decía: el encendido de luces da la bienvenida a la Navidad. ¡Será a la consumista porque a la otra con alumbrar el día 24-25 sería suficiente!

¿No hay mayor sinsubstancia municipal que competir por ver qué ciudad enciende las luces antes? Leí no sé dónde que sus ediles demuestran su necedad con actos llamativos que dejan en oscuridad el sentido común en la gestión de lo público. Máxime este año que los alumbrados masivos han coincidido con la celebración de la COP28 por el Clima en Dubái. Pero a la vez la política florero les da votos.

Pero también hay cordura empresarial. Una entrada de un periódico recogía que los comercios sostenibles plantaban cara al *black Friday*,[30] ese negro día. Lo defiende la gente de *The Circular Project*.[31] También Oxfam-Intermon,[32] que hasta los guía a la meta del consumo sostenible en general. ¡Ah! No se

---

30   <https://www.elperiodicodearagon.com/economia/2023/11/23/comercios-sostenibles-plantan-cara-black-friday-94990832.html?utm_source=twitter&utm_medium=social&utm_campaign=btn-share>.

31   <https://thecircularproject.com/>.

32   <https://blog.oxfamintermon.org/algunas-ideas-innovadoras-para-promover-el-consumo-sostenible/?utm_source=adwords&utm_medium=ppc&utm_campaign=oxfam-es-search-ingredientesquesuman&gad_source=1&gclid=Cj0KCQiAyKurBhD5ARIsALamXaHjYdmK6FFjcPyTBh3yTvWih-jvn5VQoac0KKMSlUc79m-hq4BXGYQsaAvOyEALw_wcB>.

dejen engañar por las escarapelas de sostenible que se han colocado bancos, grandes empresas contaminantes, etc. Las vemos apagando el cambio climático (un planeta en llamas) con una manguera que lanza combustibles fósiles.

P.D.: Desde aquí me pregunto sobre las luces humanitarias que tanta falta hacen en Gaza.[33] Solo les quedan las estrellas, oscurecidas sin duda por las explosiones y bombardeos. Qué pensarán los niños y adultos al mirar nuestros comportamientos en las redes o televisiones, si les llegan. ¿Solo envidia, o algo más fuerte? Allí lo único que se celebra cada mañana es despertar ese día, y a la noche contar uno más vivido.

11. Morir por querer vivir mejor, tragedia de los migrantes

Nos preguntaremos las razones por las que la Organización Internacional para las Migraciones (OIM) alerta de que flota en el agua ética, a punto de irse al fondo abisal, una parte de la emergencia humanitaria global. Mucho o poco, depende de cómo se mire o se sienta. Asustará que unas 3711 o 3863 personas pierdan la vida al intentar cruzar una frontera europea con agua. Otras 286 000 lo lograron, según la OIM (Organización Internacional de Migraciones).[34] Muchas o pocas, nunca se sabe; todo depende de quién valore esas cifras en función de qué intereses. Lo describe muy bien la OIM en un mapa de Europa y sus flujos migratorios.

De los datos de la OIM se deduce que unas 250 000 lo hicieron por mar. Seguro que no viajaron en confortables cruceros ni navegaron como pasajeras de los ferris que unen norte y sur del *Mare Nostrum*. Pese a las incomodidades y los riesgos, ansían llegar a Europa; vienen huyendo de la pobreza, el hambre, la precaria salud y el escaso bienestar. Buscan la mejor educación para sus hijos, la igualdad de género, agua limpia y saneamiento, y todos las demás metas de los ODS.

La ONG Caminando Fronteras denunciaba el nueve de enero que más de 6600 personas habían perdido la vida intentando llegar a España. La

---

33   <https://www.france24.com/es/medio-ambiente/20231201-no-podemos-salvar-un-planeta-en-llamas-con-manguera-de-combustibles-f%C3%B3siles-guterres-en-la-cop28>.
34   <https://dtm.iom.int/europe/arrivals>.

gran mayoría por la llamada ruta canaria —cada vez en trayectos más largos y peligrosos—. Es de suponer que buscaban una puerta para vivir mejor y han encontrado un mar que no las deja vivir. La citada ONG señala el 2023 como el año «más mortífero» desde que comenzó a tener registros, en 2007. Además, achaca este incremento de la mortalidad a las políticas de control migratorio. No duda en que «se prioriza el control de fronteras» sobre «el derecho a la vida». Grave omisión que parece convertirse en práctica común. A punto de generalizarse en la vacilante UE, que por ahora se contenta con endurecer las penas de quienes entraron sin todos los papeles en regla. Dicho de otra forma: cada vez más gobiernos hacen la vista gorda ante el informe de Human Rights Watch sobre el estado de los derechos humanos.[35]

P. D.: ¿Adónde podrán migrar, si lo desean, los supervivientes del genocidio de Gaza? Este nihilismo moral ya ha sido denunciado ante la Corte Penal Internacional por el prestigioso Centre for Constitutional Rights de Nueva York y el Gobierno de Sudáfrica. ¿En qué quedará todo? Mientras tanto, nos encontramos ante un suma y sigue del despojo, la expulsión, la tortura, el asesinato, la discriminación y *apartheid* en los territorios ocupados, como denuncia Human Rights Watch.[36]

12. Cerco a los microplásticos que enferman la salud, empujados por la insana acción política y empresarial

En muchas ocasiones las investigaciones científicas son ninguneadas por la preocupación social. Ojalá no sea una de ellas esa que con una metodología de alta resolución permite cuantificar los micro y nanoplásticos en el agua.[37] No es algo nuevo que la gente tire al mar de todo, pero ahora se ha incrementado como resultado del estilo de vida que ha sobredimensionado el número de productos que usamos. Hay que informarse de lo que sucede fuera de nuestra casa.

---

35 <https://www.hrw.org/es>.
36 <https://www.hrw.org/report/2021/04/27/threshold-crossed/israeli-authorities-and-crimes-apartheid-and-persecution>.
37 A. Vega-Herrera *et al.* «Exposure to micro(nano)plastics polymers in water stored in single-use plastic bottles». *Chemosphere* (2023): <doi.org/10.1016/j.chemosphere.2023.140106>.

Si repasamos las desgracias ambientales, tenemos ejemplos de gravísimas contaminaciones. No voy a detenerme en las tragedias de Bhopal —la fuga de gases tóxicos en un tanque de la compañía india de pesticidas Union Carbide India Limited (UCIL) causó la catástrofe industrial más grande de la historia— o el incendio en la planta química de Seveso (Lombardía) que liberó las dioxinas que tanto dolor causaron.[38] Tampoco diré casi nada de lo que fue y dejó de ser, aun siendo, el desastre nuclear de Chernobil, que sembró Ucrania de contaminación para muchos años; ni de la mancha contaminante del naufragio del Exxon Valdez, o de la explosión de la plataforma petrolífera de BP en el golfo de México ni del consiguiente desastre ecológico marino que supuso. Permítaseme que cite la barbarie norteamericana de las bombas atómicas de Hiroshima y Nagasaki. Sri Lanka nunca olvidará el año 2019, cuando 1680 toneladas de pélets cayeron al mar desde el cargo X-Press Pearl e inundaron sus costas. La lista de sucesos sería interminable, casi tanto como la de los olvidos. La Organización Marítima Internacional (OMI), dependiente de la ONU, no termina de aconsejar medidas contundentes.

Todas estas catástrofes han tenido en común básicamente un par de consecuencias: algo cambiaron las normas de seguridad y demasiado poco lo hicieron porque el tiempo eliminó los cuidados intensivos que cualquier actividad industrial química debiera generar. Es que el aire no tiene fronteras, los océanos tampoco. Mirando lo que tenemos más cerca, no me detendré en la contaminación por amianto que muchos españoles todavía padecen, ni en el desastre para la biodiversidad de la rotura de la presa de Aznalcóllar, ni al lindano que mató la vida total del Gállego en Aragón, y continúa bajo sospecha. Otra cosa más hay que resaltar: los responsables de los desastres o desatinos ambientales, ya sean industrias o políticos que gobernaban entonces, se marcharon casi siempre libres de culpa. Las industrias cerraron o se largaron; los políticos se escondieron; la ciudadanía no afectada directamente no solicitó la rendición de cuentas y calló para siempre.

Pasa esto porque los administradores no se empeñan en gestionar el potencial riesgo por el principio de precaución. Pero es que además mini-

---

38   L. Centemeri (2010). «Seveso: el desastre y la directiva». *Open Edition Journals.* <https://doi.org/10.4000/laboreal.8950>.

mizan los posibles efectos de cualquier desastre; no lo quieren entender y lo ocultan todo lo que pueden. Así, cuando se acometen acciones reparadoras siempre llegan tarde y mal. Ocurrió con el Prestige en Galicia. Aquellos hilillos poco continuados que veían las autoridades se convirtieron en un desastre de colosales dimensiones para las costas gallegas y otras más alejadas. Se llegó tarde y mal, y se ocultó lo que estaba sucediendo a ver si el mar se lo llevaba para otro sitio. Menos mal que los voluntarios y voluntarias se dejaron su tiempo y algo de su salud recogiendo chapapote.

Cerca de la costa gallega, a unos 20 km más o menos, pasa la autopista marítima de los grandes barcos que transportan mercancías peligrosas, desde o hacia Europa. Hemos leído recientemente que en estos últimos veinte años más de 250 000 buques de estas características, unos 35 al día, circulan frente a Fisterra. Es más, decía otro periódico que por allí pasa el 70 % del transporte marítimo europeo (más de 764 000 buques en los últimos veinte años), de los que uno de cada tres va cargado hasta los topes de combustibles y sustancias peligrosas. ¿No sería motivo suficiente para extremar las medidas para que casi nada irreparable ocurra? Puede que haya que consensuar una «nautopista» más alejada, vigilar el tipo de mercancías transportadas en condiciones de seguridad o establecer unos protocolos de acción e intervención rápida caso de que un episodio suceda. El principio de precaución es…, lo que ahora no es.

El actual vertido de pélets —granza plástica fundida, una mezcla de 88-90 % de polietileno y un 12-10 % del aditivo denominado UV 622— que contamina nuestros mares y playas del Atlántico y Cantábrico es una repetición de manual sobre lo que no hay que hacer: ocultar información de lo que no se sabe, minimizar los riesgos de lo que puede ocurrir y acudir tarde y mal a la actuación. Es más, ahora se pelean los políticos sobre quién tiene más culpa de lo que aparentemente nada peligroso era. Ocultar información es una manera de mentir a sabiendas; la justicia debería ser más vigilante de esto que de que unos cuantos científicos y científicas coloreen la entrada del Congreso con un poco de agua teñida de pigmentos vegetales biodegradables. Por lo que se ve en la judicatura no han leído lo que España firmó en el Convenio de Aarhus, que obliga a «la difusión de amplia información ambiental, como es por ejemplo información sobre la legislación, sobre el estado del medio ambiente, sobre proyectos, planes y programas o sobre decisiones que se adopten que pueden afectar al medio ambiente» (Mterd).[39] Viene al caso recordar aquí aquello de los microplásticos exfoliantes de los productos de cosmética.[40] Se habló mucho del asunto en 2018.[41]

Pues bien, los pélets que se negaban —la Xunta que no sabía nada reconoce ahora que sí sabía algo desde el 24 de diciembre—,[42] después se veían en pequeñas cantidades de bolitas para no actuar, más tarde fueron unos materiales de riesgo nulo o desconocido —inocuos, dijo la Xunta de Galicia, enseguida contradicha por la UE y así lo recogieron distintos medios de comunicación—, se convirtieron en una marea que llegó a Cantabria.

¿Pero inocuos para quién? Si solo se piensa en las personas, se avisa que no se los coman; ahora ya se dice que no los manipulen sin guantes ni mascarillas. Cuando los lugareños los van recogiendo con coladores: una imagen extraordinaria de compromiso personal y, a la vez, patética en el contexto social; además de nada segura de restitución del enclave si no se hace adecuadamente. Greenpeace nos lo cuenta en un vídeo[43] y en un texto ilustrado.[44]

Pero esas bolitas que se dice son inocuas, se argumentaba para quitarles el riesgo, no lo son; se sabe que las botellas desprenden algo dañino o tóxico que nos bebemos;[45] se conoce que están aglutinadas con unos compuestos químicos que se desprenden de ellas con facilidad, con el evidente

---

39   <https://www.miteco.gob.es/es/ministerio/servicios/informacion/informacion-ambiental.html>.

40   <https://www.ecofestes.com/microplasticos-cosmetica-que-impactos-tiene-n-78-es>.

41   E. Martínez Batalla (2018). «Hallan microplásticos de pinturas, jabones y cosméticos en delfines». *La Vanguardia* (29/09/2018). <https://www.lavanguardia.com/natural/animaladas-videos/20180920/451810447211/hallan-microplasticos-pinturas-jabones-cosmeticos-delfines.html>.

42   La Xunta reconoce que Salvamento informó el 24 de diciembre que los pélets podían venir de contenedores perdidos. *Heraldo de Aragón* (12/01/2024). <https://www.heraldo.es/noticias/nacional/2024/01/12/xunta-galicia-crisis-pelets-contenedores-1703508.html>.

43   <https://www.youtube.com/watch?v=F4kxZLvF1HI>.

44   <https://es.greenpeace.org/es/noticias/marea-blanca-de-plastico-en-galicia/>.

45   Iagua (9/01/2024). *El agua puede contener cientos de plásticos no identificados.* <https://www.iagua.es/noticias/europa-press/agua-embotellada-puede-contener-cientos-miles-trozos-plastico-no-identificados>.

peligro para las personas que consumen esas aguas. De hecho, hay investigaciones que afirman que la exposición a químicos en el agua potable se asocia con un 5 % de los casos anuales de cáncer de vejiga en Europa.[46] Otro riesgo de los políticos que no preguntan a la ciencia; solo preocupados por reñir con el contrario. Desde aquí les recomendamos leer este artículo publicado en ISGlobal.[47] Mal espectáculo para avanzar en la Educación Ambiental y para la Sostenibilidad, asunto clave para prevenir y no tener que lamentar.

El problema es importante e irá a más. Los medios de comunicación ya han abierto pestañas sobre el asunto, lo cual nos lleva a pensar que la desidia puede convertir el accidente de la sucesiva caída de los contenedores en tragedia. En el caso comentado cada vez se ven más de los que cayeron al mar desde el barco de bandera liberiana, con domicilio en las Islas Caimán o algo así. Pensamos que, quizás, ocurra como con los otros responsables de catástrofes en España y en el mundo; que les salga gratis el despiste. Por eso, el ignorante que esto escribe se pregunta si no podrían trasportarse los pélets en sacos irrompibles.

La legislación europea empieza a preocuparse, pero todo va lento. Menos mal que la Fiscalía española ya ha iniciado una investigación; a ver en qué queda. Se sabe a ciencia cierta que muchos de los animales marinos llevan en sus tubos digestivos diferentes tipos de plásticos. ¿Y si algunos se rompiesen en partículas microscópicas? Pocas administraciones y empresas se preguntan si los vertidos afectan a los animales filtradores del agua marina. ¿Se notará algo en los inquilinos de las bateas gallegas? En Galicia ya cunde el eslogan *o mismo, de novo*, que sucede al *Nunca mais* tras el Prestige. Aquí, vistos los descuidos que hemos mencionado hubiéramos pronosticado: «¿cuál será el siguiente?», seguido de un «¿nos enteraremos de que los descuidos pueden convertirse en catástrofes?». Porque eso de perder algo no es excepcional

---

46 I. Evlampidou *et al.* (2020). «Trihalomethanes in Drinking Water and Bladder Cancer Burden in the European Union». *Environmental Health Perspectives*, enero 2020. <doi.org/10.1289/EHP4495>.

47 E. Kalicanzaros (2024). «Microplásticos y nanoplásticos: partículas diminutas de gran impacto». *ISGlobal Barcelona*. (9/01/2024). <https://www.isglobal.org/es/healthisglobal/-/custom-blog-portlet/microplasticos-nanoplasticos-particulas-diminutas-gran-impacto?mc_cid=e05f9a59c0&mc_eid=52fe066b71>.

en los grandes cargueros de contenedores. (En 2022, 661 contenedores de barcos cargueros terminaron a la deriva en el mar, según el recuento anual del Consejo Mundial de Transporte Marítimo[48] (o WSC, por sus siglas en inglés); basado en las encuestas que hacen a las empresas navieras que lo conforman).

En síntesis, el desprecio a la ciencia en la acción política tiene enormes costes en salud y en el mantenimiento de los ecosistemas dentro de unos límites admisibles. El cerco a los microplásticos no debe acabar si se consigue eliminar el potencial contaminante de los pélets vertidos ahora. Están esparcidos en muchos productos que consumimos, no solo en los «maravillosos» exfoliantes.

¡Cada vez *semos* menos nadie!, decía el filósofo monegrino de Valdeparadas, territorio recóndito al que empiezan a llegar los plásticos llevados por el viento y las pocas personas que por allí circulan. Hasta en el desierto provocan muchas muertes.[49]

13. Fatiga ambientalista

Lo cotidiano se convierte en rutina si no tiene detrás algún que otro estímulo que lo desvíe. Bastaría el reconocimiento de la utilidad para modular el flujo. Acaso la necesidad de hacer de lo simple virtud, el acompañamiento del vecino, el fin del acoso de quienes no ven la vida de la misma forma. También la mirada atenta ante las desigualdades y alguna pizca de compromiso. Y, cómo no, la reflexión crítica ante las incertezas e incógnitas sobre el presente-futuro que nos espera.

Parece que la UE ve realmente difícil cumplir los objetivos verdes que tenía planteados, porque detecta una cierta fatiga ambientalista en gobiernos, empresas y ciudadanía en general. La cuestión o desafección ambientalista no surgen porque sí. Para comprobar las pesimistas perspectivas basta con asomarse al semáforo de cumplimientos con los que la UE

---

48   <https://www.worldshipping.org/news/world-shipping-council-releases-containers-lost-at-sea-report-2023-update>.

49   H. Haney. «El plástico está matando a los camellos de Dubái». *Plastic Ocean* (23/12/2020). <https://plasticoceans.org/el-plastico-esta-matando-a-los-camellos-de-dubai/>.

expresa las políticas ambientales. Ese que se diseñó para marcar la senda del el compromiso de la neutralidad climática en 2050. La Agencia Europea del Medio Ambiente (o EEA, por sus siglas en inglés), ha llevado a cabo un análisis severo del que se deduce que es necesaria una mayor determinación de los 26 si quieren de verdad completar la agenda verde. La EEA[50] evalúa 28 medidas que la UE tiene como objetivos medioambientales. En diciembre pasado concluía que solo en ocho casos es probable que cumpla a tiempo. Por fortuna, uno de ellos es la reducción en un 55 % respecto a 2005 de las muertes prematuras por el aire contaminado, que en 2021 fueron 235 000. También, según lo comprometido, ve bien el incremento de las inversiones para prevenir y reducir la contaminación y la degradación ambiental.

No va a ser fácil porque bastantes gobiernos, e incluso el Parlamento Europeo —arrastrado por la derecha según contaba en su edición de 4 de enero de 2023 el *Financial Times*, que había tenido acceso a ciertos borradores de intenciones—, se ha sumido en una especie de fatiga ambientalista. Una de las causas determinantes hay que buscarlas en las presiones de la industria y de sectores económicos como la agricultura[51] (enero de 2023).

El gobierno comunitario planteó una reducción del 50 % del uso de pesticidas químicos en 2030[52] que estaba en consonancia con la «estrategia de la granja a la mesa, que establece un sistema alimentario justo, saludable y respetuoso con el medio ambiente» (junio de 2022); además de una propuesta de ley para la restauración de la naturaleza. El PPE (Partido Popular Europeo) lo rechaza. Detrás de esta presión máxima y continuada están los criadores de porcino holandeses «subvencionados con cerca de 1500 millones de euros por dejar de producir» además del ultranacionalista polaco Mateusz Morawiecki, que se enfrenta a las urnas el próximo otoño. Junto a todo esto, el sector agrario —representa en

---

50 EEA. *Cumplir los objetivos de la política medioambiental de la UE para 2030 será un desafío* (18/12/2023) <https://www.eea.europa.eu/en/newsroom/news/meeting-eu-environment-policy-targets-by-2030-will-be-challenging>.

51 <https://www.pan-europe.info/press-releases/2023/01/million-strong-pesticides-petition-delivered-eu-parliament-golden-chance-eu>.

52 A. Gil (2024). «Bruselas fija reglas para reducir a la mitad el uso de pesticidas químicos en la UE de aquí a 2030». *Eldiario.es.* <https://www.eldiario.es/sociedad/bruselas-fija-reglas-reducir-mitad-pesticidas-quimicos-ue-2030_1_9107154.html>.

torno el 9 % de la población en Polonia— y mucho en Hungría, República Checa, Bulgaria y Eslovaquia siguió sus pasos. De hecho, las protestas de los agricultores contra el Pacto Verde Europeo se han multiplicado y esparcido por todo el continente, desde Irlanda hasta Lituania, Alemania, Francia y España, entre otros países.

Refiriéndonos a España, y dejando por ahora en suspense los atropellos a Doñana o el Mar Menor, no salimos de nuestro asombro con la noticia de que el Gobierno de Castilla y León acaba de aprobar la III Estrategia de Educación Ambiental 2024-2030,[53] dice que con el objetivo de promocionar el desarrollo sostenible de la comunidad. Hemos buscado en sus documentos las referencias a la Agenda 2030, hasta ahora un ámbito ecosocial imprescindible en todo el mundo; no las hemos encontrado. Se dice por ahí[54] que el despiste ha sido provocado a instancia de Vox, que parece que le tiene una inquina letal a la Agenda 2030. Preguntados algunos miembros del gobierno autonómico dicen que queda incluida en el eufemismo inabarcable de la «sostenibilidad mundial y de la Unión Europea». Sin motivos políticos [sic] según el portavoz del Gobierno.[55]

Pese a todo, no hay que desistir de estar frente a lo pactado sino intentar revertirlo. Tal como están las cosas no sirve relajarse por parecer imposible restaurar lo ecosocial. Exploremos los cuadros que la EEA proporciona para estar al tanto de cómo va la cosa, dicho en lenguaje de la UE: *Visión del VIII PMA basado en indicadores 2023*,[56] dado a conocer en diciembre de 2023. En este documento se habla de: mitigación del cambio climático, adaptación al cambio climático, una economía circular regenerativa, contaminación cero y un ambiente libre de tóxicos, biodiversidad y ecosistemas, presiones ambientales y climáticas relacionadas con la pro-

---

53   <https://comunicacion.jcyl.es/web/jcyl/Comunicacion/es/Plantilla100Detalle/1284877984309/ConsejoGobierno/1285352821249/Comunicacion>.

54   A. Camazón (2024). «El PP cede ante Vox y suprime las referencias a la Agenda 2030 de la Educación Ambiental de Castilla y León». *Eldiario.es*. (24/01/2024). <https://www.eldiario.es/castilla-y-leon/politica/pp-cede-vox-suprime-referencias-agenda-2030-educacion-ambiental-castilla-leon_1_10861928.html>.

55   <https://www.eldiario.es/castilla-y-leon/politica/portavoz-junta-castilla-leon-niega-motivos-politicos-suprimir-agenda-2030-educacion-ambiental_1_10866197.html>.

56   <https://www.eea.europa.eu/publications/european-union-8th-environment-action-programme>.

ducción y el consumo, condiciones habilitantes y, finalmente y, en definitiva, vivir bien dentro de los límites planetarios. Para quienes no dispongan de tiempo para leer el informe completo sirva la imagen ES.1. «Resultados del seguimiento del 8.º Programa de Acción y los archivos adicionales que se incluyen en la visión antes mencionada».

14. Un 'no lugar' sería Gaza

Quién sabe cómo recogerán los libros de Historia de finales de este siglo la tragedia/el genocidio vivido por las gentes de Gaza. En ese territorio existieron trazas múltiples de vida que en milenios compondrían una compleja amalgama étnica. Ahora mismo podría ser uno de esos 'no lugares' en los que Marc Auger sostiene que manda el anonimato. La Gaza de mañana se podría calificar como un *utopos*. El diccionario de la RAE lo definiría como «plan, proyecto, doctrina o sistema deseables que parecen de muy difícil realización». Pero también la representación imaginativa de una sociedad futura de características favorecedoras del bien humano; o lo que es lo mismo, «una sociedad tan perfecta e idealizada que es prácticamente imposible llegar a ella». Ahora mismo, transcurridos varios milenios, ya lo es: todos los sufrientes son anónimos. Porque la comunidad internacional le ha dado un cheque en blanco al ejército de Israel para que lo pueda llenar de impunidades. Así lo denuncia el cofundador de Standing Together,[57] una de las pocas organizaciones integradas por árabes y judíos israelíes que buscan el entendimiento.

Las gentes de bien se lamentan por todo el mundo de la no importancia gazatí, pero poco deben sentir los poderosos dirigentes de sus estados. De estudiar estas situaciones se podría ocupar hoy una antropología de la sobremodernidad. Esos 'no lugares' son espacios por donde los simples ciudadanos nos movemos casi imperativamente. Se me ocurre que algo así podría ser la colapsada zona de tránsito del aeropuerto de Barajas. Allí, un lugar físico sin identidad, se hacinan centenares de personas sin nombre, como denunciaba *Público*.[58] Allí, la gente —converti-

57   <https://www.standing-together.org/en>.
58   J. Vargas (2024). *Público*. (29/01/2024). <https://www.publico.es/sociedad/hacinamiento-solicitantes-asilo-barajas-llega-zona-embarque-e-interior-responde-antidisturbios.html>.

da en muchedumbre, aunque sea poca— deambula, pero no revive porque pierde la esperanza. ¿Serán 'no lugares' las cárceles?

Las gentes de bien, de cualquier religión o signo político, miran todo esto desde el pensamiento y la crítica social, aunque también la problemática tiene bastantes riesgos físicos. Hasta hace unos meses Gaza era un lugar en el olvido; ahora ha dejado de serlo y se encuentra atrapado en el miedo y la barbarie que algunos escriben temblorosamente en su epitafio. ¿Puede un lugar antropológico, complejo en su constitución, convertirse en un 'no lugar', ser utópico para la eternidad? En Gaza y donde habiten los palestinos pasan cosas, casi siempre desgracias sembradas en el olvido. Ni siquiera las televisiones nos muestran la nada, de lo mucho que debe estar sucediendo en torno a Rafah, la gatera por la que quieren pasar millones de personas expulsadas de sus hogares.

Me gustaría leer la Historia vista desde el 2100, pero no los libros de los poderosos, sino los manuales escolares o universitarios. ¿Qué dirán, si mienten algo, sobre la retirada de la ayuda de los países ricos (EE. UU., Canadá, Francia, Reino Unido, Alemania, Países Bajos, Australia, Italia, etc.) a los fondos de socorro para la Unrwa (agencia de la ONU dedicada al socorro alimentario, sanitario y educativo de los gazatíes)? El motivo parece ahora muy débil: que una pequeña parte de sus empleados hayan podido estar próximos a Hamás. Los estragos que causará la retirada han sofocado a las ONG solidarias.[59]

El mundo no puede abandonar a Gaza y los palestinos.[60] ¿Serán al menos «lugares de memoria»? Desde fuera de la antigua Palestina, sus desastres no son reconocidos como un «lugar emergencia» en el que implicarse. Me interrogo con pena si ese definido 'no lugar', que bien podría ser un *utopos* experimental, se asomará al siglo XXII con su presencia en los mapas de la zona. ¿Qué nombre lo identificará si se produce este supuesto? Una escritora ya la ha bautizado: zona descontaminada, simplemente; otra

---

59   Coordinadora de organizaciones para el desarrollo (29/01/2024). <https://coordinadoraongd.org/2024/01/alertamos-la-retirada-de-fondos-de-la-unrwa-traera-consecuencias-muy-graves-a-una-poblacion-sin-posibilidad-de-escapatoria/>.

60   *France 24*. <https://www.france24.com/es/medio-oriente/20240131-el-mundo-no-puede-abandonar-a-gaza-retirar-fondos-a-la-unrwa-causar%C3%A1-un-colapso-humanitario>.

la llamó cárcel en la que la única libertad es mirar al cielo, no siempre porque por allí los pájaros y las nubes fueron sustituidos por aviones y drones asesinos. Serán ambas miradas una especie de crueldades imaginativas o buenas caracterizaciones de la realidad. ¿Acaso se puede llamar 'no lugar' ese retrete que tienen que compartir 500 personas en Rafah? Tras los recientes bombardeos puede que no quede ni el retrete.

Preguntémonos juntos si tanto los lugares como los 'no lugares' son realmente las personas que los habitan y los frecuentan. Mejor, o preferentemente, las relaciones que se generan en ellos, pero también con sus vecinos; todas las sociedades son interdependientes. Mientras redacto estas líneas me entero del enésimo ataque a hospitales; de que el Ministerio de Sanidad de Gaza contabiliza 28 473 muertos desde que Hamás soltó la furia terrorista y provocó la barbarie del ejército israelí. También me llegan ecos de las mil millonarias ayudas que EE. UU. querría dedicar a Israel. Desconocemos qué pensarán los dioses en nombre de los cuales se combate en aquella zona.

Me quedo inquieto por no haber concretado bien si los 'no lugares' existen y por ellos circula pensamiento humanitario impulsado por los deseos de igualdad. Lo que parece claro es que ese 'no lugar' carece de identidad, le falta mucho para ser un *utopos*; también a la comunidad internacional, al menos a sus dirigentes. Y después, ¿quién retirará los escombros materiales y humanitarios?

III
INTERACCIÓN SOCIEDAD Y TERRITORIO

Nuestra imaginación es alcanzada solamente por lo que es grande; pero el amor de la filosofía natural debería reflejar igualdad en pequeñas cosas.

Alexander Von HUMBOLDT

La acción de preguntar supone la aparición de la conciencia.

María ZAMBRANO

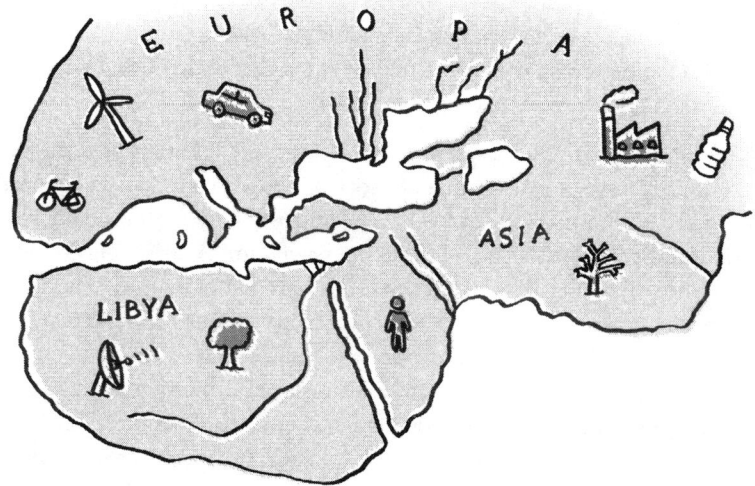

Homenaje a Heródoto

1. Al medioambiente se llega mejor moviéndose con soltura por la geografía

La comprensión del medioambiente global es una buena manera de entender lo que nos pasa cada día. Tenemos la idea de que un determinado territorio condiciona la vida que en él se desarrolla. Lo hemos estudiado muchas veces en la escuela. Allí se habla de que tanto las plantas como los animales no son otra cosa que indicadores de la posición latitudinal y las características climáticas, que también justifican que la historia de los pueblos haya discurrido de una u otra forma. Lo dicen los libros de Primaria y Secundaria al hablar de climas o biomas, también los de Historia.

Tanto es así que en nuestra imagen del mundo vemos a los americanos del norte o del sur de una forma determinada, diferente a la de los asiáticos —a los que igualamos a pesar de ser tan diversos, y tantos—. Estos en nada se parecen a los europeos; los africanos suelen quedar unificados en su negrura y asociados a los desiertos; de los oceánicos casi nadie se acuerda. Pero esta simplificación de la vida y la historia podría ser calificada como una pérdida de tiempo, aunque hay que decir que, desde el inicio de la ciencia geográfica moderna, hace unos 150 años, la corriente alemana defendía que el medio hace al hombre; muy al contrario que la escuela francesa que apostaba porque la libertad permite a los humanos superar mediante adaptaciones los problemas de las condiciones ambientales. Dicho de forma más científica estamos hablando de ambientalismo, o determinismo, si se prefiere, y de posibilismo.

Así pues, no nos arriesguemos a asegurar que las cosas han sido o son en todos los lugares por tal o cual motivo. Pensemos en países de naturaleza difícil, como pueden ser los Países Bajos —permanentemente en riesgo de inundación– o Japón –con la amenaza sísmica cotidiana—. Ambos tienen una dilatada historia en la cual nos han demostrado que han sabido encaminar economías y vidas, superando los factores limitantes que les marcaba el territorio. Frente a ellos, podríamos hablar de otros como los del Sahel que han sufrido los embates de una climatología adversa, tan grande y grave que les ha impedido ejercer sus dosis de libertad. De hecho, ahora mismo, en toda África central y Somalia millones de personas están amenazadas de muerte. Lo de Sudán y Eritrea es un capítulo doloroso que no entendemos.

Interpretar todas estas cuestiones, de las cuales nos hablan (en voz baja) algunos días los medios de comunicación, exige el auxilio de la geografía, en su dimensión ecosocial. Cuando Juan de la Cosa elaboró su famoso *Mapamundi* en 1500 estaba ampliando el mundo conocido para entenderlo; ya aparecía América. Cuando alguien observa una simulación de la tectónica de placas, es más fácil que entienda el mundo de hoy y las cuestiones biogeográficas, que ahora ligamos necesariamente a los avatares sociales.

Los mapas, la representación de la geografía, son también imprescindibles para aproximarse al mundo de hoy. Cuando se habla de El Niño y los catastróficos efectos que provoca en Perú y Ecuador, es bueno abarcar el Pacífico de oeste a este sobre los paralelos; hay que ver que el territorio costero está expuesto a ventajas e inconvenientes. Lo de las corrientes marinas escapa a la preocupación de la gente. Dicen que el seguro deshielo del Ártico está provocando las apetencias energéticas y comerciales de los países limítrofes; no cuesta mucho entender en un mapa las posiciones privilegiadas de las que gozan algunos estados, aproximarnos a las presiones sociales. Los conflictos bélicos que provocan las migraciones y refugiados se desarrollan en unos territorios con características de posición, medioambientales e históricas determinadas.

Por eso no basta entrar en Google Maps, hemos de combinarlo con otras variables. Necesitamos una visión global, que nos será útil también para entender cómo especies invasoras de invertebrados asentados en otros territorios han llegado al nuestro impulsados por los cambios climáticos. Por cierto, a pesar de su trascendencia demostrada desde que Estrabón y Heródoto enseñaban a leer el mundo conocido, la geografía aplicada —muy diferente de la estática que habla de los accidentes y fenómenos geográficos— sufre el desprecio de los programas escolares, cuando debería ser contenido universal en la enseñanza obligatoria.

Hoy mismo asistimos a las limitaciones de la Tierra para darnos lo que le pedimos; ella nos responde con impactos graves por fenómenos naturales que somos incapaces de prever, descuidados también, y mucho menos dominar. Así pues, solamente nos cabe conocer la dimensión geográfica, también la física y social, de cada uno de los problemas que nos atañen, movernos por los mapas con la agilidad y el ímpetu de los descubridores para, al final, pensar de forma ambientalista como la geografía alemana y utilizar la libertad posibilista de la francesa, aunque razonadamente restrictiva, para hacer posible la vida en la Tierra.

Me quedo con aquello que dijo Humboldt acerca de que la síntesis geográfica busca las conexiones y relaciones existentes entre los fenómenos que se expresan en la naturaleza; añado que también ecosociales. Aunque en este mundo tan disperso y poco amable que están construyendo los hombres habrá que pensar si valdría aquella reflexión del periodista y crítico estadounidense Ambrose Bierce: la guerra es la forma de enseñar geografía a los estadounidenses de Dios.

2. Sean bienvenidos Da Vinci y Humboldt a nuestra escuela; son imprescindibles

La escuela se nutre, además de los contenidos curriculares, de las enseñanzas que dejaron en el tiempo personas y hechos. Por eso, en muchos momentos del curso escolar se celebran días o semanas dedicadas a algo especial. Sin duda, esas fechas sirven para medir el tiempo vivido, lo hecho o no en un año; pero también para recordar deseos, conjeturas o avances sociales, para reconocer qué hay detrás de muchas ideas, de algunos eventos y al lado de personajes. Siempre, en años o días concretos, en momentos más o menos críticos, es conveniente pararse a imaginar lo que hubiera sido del mundo sin determinados eventos o celebraciones; también sin las ideas de personajes plagados de espíritu crítico y creatividad, con deseos renovadores, globales, etc.

Hay años de suerte, como este 2019, en el que se cumple el 500 aniversario de la muerte de Leonardo da Vinci, y el 250 del nacimiento de Alexander von Humboldt. Entre los artilugios e ideas que transmitió el primero y los viajes e investigaciones del segundo cambiaron la historia universal y la ciencia aplicada.

¿Qué sabe el profesorado de ellos? ¿Cuántos alumnos han oído hablar de sus descubrimientos? Imaginemos que esos ilustres personajes visitan nuestra escuela. Leonardo, joven a pesar del paso de cinco siglos, nos podría decir tantas cosas que demostrarían su ingenio que no cabrían en esta entrada; nos quedaremos con su percepción sistémica del mundo y su acercamiento a la botánica, dejando a un lado su ingeniería adelantada a los tiempos o sus cuadros más famosos, que son las facetas más divulgadas sobre sus destrezas.

En el primero de los campos resaltados, nos animaría a la búsqueda de la comprensión de cualquier fenómeno a partir del establecimiento de esquemas basados en las interacciones; sin duda, esto nos ayudaría a entender los ecosistemas, más sencillos o complejos, si bien él nos advertiría que lo hacía aplicado a la botánica. Nos recordaría que lo que ahora vemos claro, algunos profesores y libros de texto todavía no, fue enunciado con fundamentos empíricos e investigativos a finales del siglo XV y principios del XVI. ¡Ahí es nada! Cómo disfrutarían de su plática los chicos y chicas de Secundaria que, a menudo, escuchan hablar del asunto de las redes y cadenas tróficas en sus clases.

Humboldt nos mostraría su anticipación a la comprensión de las variaciones climáticas, su amor por la naturaleza y las consecuencias de las pulsiones del complejo y multidiverso mundo natural en el espacio y en el tiempo. Nos avanzaría cuestiones sobre el ecologismo y su percepción/visión de los cambios climáticos.

La mejor acogida que ambos pueden tener en las aulas es leer cosas de ellos, viajar a su tiempo y traer al actual sus pensamientos. Servirán para comentar en las tertulias pedagógicas del profesorado lo que dijeron sobre asuntos científicos/ecológicos, pero también para llevar a clase cuestiones del pensamiento práctico moral, que son clave permanente de la vida, de manera especial en la actual.

Leonardo nos legó aquello de que «el placer más noble es el júbilo de comprender». Del anticipado naturalista Humboldt podríamos anotar: «No hay razas inferiores; todas ellas están destinadas a alcanzar la libertad».

La cultura colectiva los necesita, quinientos o doscientos cincuenta años después, para deambular sin tantos riesgos por el complejo mundo en el que vivimos: crisis ambientales, sociales y económicas nos mantienen alertas, y temerosos a la vez, de algún colapso. Podríamos celebrar a ambos en forma de pensamiento crítico hacia la percepción de los Objetivos de Desarrollo Sostenible (ODS).

Invitamos desde aquí al profesorado a que vaya recopilando más personajes relevantes, hombres o mujeres, para invitar a su escuela. Colóquenlos en la galería de imprescindibles para el pensamiento; visítenlos de vez en cuando para entender el mundo de hoy. Aunque solo sea por curiosidad, anímense a hablar en clase de los más mayores: de *El Hombre de Vitruvio o el Estudio de la proporciones del cuerpo humano*, que Leonardo imaginó y del cual describió caracteres, de su vigencia hoy, de lo que puede significar desde el punto de vista de la pretendida perfección humana. A lo largo del tiempo, ha tenido muchas lecturas e interpretaciones; incluso ha llegado a las monedas de un euro.

Puestos a recordar efemérides, el profesorado haría bien en leer al filósofo argentino Mario Bunge que, este 2019, cumple 100 años. Nos ha legado reflexiones trascendentes; entre ellas, la importancia de la originalidad del pensamiento —cuando la verdad poco importa, atropellada por el éxito— y la solución de los problemas inversos, que ayudarían a profesores y alumnos a entender mejor el mundo actual; imprescindibles para desarrollar nuestra capacidad de vivir lo cotidiano. Contrasten lo que piensan en ese momento con la preocupación de Bunge, expresada hace varias décadas, de que «los grandes males de la humanidad eran el belicismo, la contaminación ambiental, la explotación de recursos y una superpoblación que nos aboca a un excesivo consumo de los recursos naturales». ¿Les suena a ODS? Hay tema para el debate.

Todos ellos, y muchos más, merecen su activa y permanente presencia en una ecoescuela abierta.

3. Batalla climática vs. libertad

Tenemos encima el grave problema climático, hay que actuar ya con contundencia. Sin embargo, no faltan defensores de la inacción. Postulan que con los años ya se resolverá cualquier problema ligado a las nuevas pulsiones meteorológicas. Algunos de esos sostienen que la posibilidad de conducirse en la vida de una manera u otra debe estar por encima de ciertas limitaciones e imposiciones de autoridades o grupos sociales. Entre las gentes que defienden la rebeldía hay personas más o menos informadas, pero también, y, sobre todo, grupos de poder o empresariales que, aun conociendo muy bien las ventajas de una actuación colectiva concreta, prefieren pensar solo en sí mismos.

Parece obvio que para mitigar los efectos del cambio climático harán falta medidas, algunas impopulares. Bastantes serán coercitivas, como las limitaciones o prohibiciones del tráfico en los centros urbanos, que ya son realidad en Londres, Berlín o Barcelona. Valdría de contraejemplo Madrid, en donde las protestas por las limitaciones circulatorias no cesan y sostienen la inacción municipal ante la contaminación del aire y el quebranto en la salud. También han causado polémica las peatonalizaciones en las capitales de Aragón. A la vez, surgen propuestas reclimatizadoras que suponen la disminución de actividad o el cierre de empresas por su contaminación o por su costosa adaptación a los nuevos estándares de protección ambiental o social. Quienes perderían su empleo claman soluciones que les aseguren la vida allá dónde lo hacían siempre; sienten coartada su voluntad, no entienden de otros condicionantes. El cierre de la térmica de Andorra en Teruel ilustra estas situaciones.

Tras estas decisiones se plantea si debe prevalecer una especie de imposición verde —no falta quien habla de «dictadura ecologista»— o se debe dejar que la permisión de todo se reconduzca en razón a las fuerzas y tensiones que interactúan en la relación ente medioambiente, economía y sociedad. Tenemos un caso reciente en los destrozos de la tormenta Gloria en las naufragadas costas mediterráneas y zonas del interior, que ocasionó también pérdidas humanas. Quienes han sufrido daños reclaman a los gobiernos la restitución de sus bienes, ya sean playas o propiedades particulares. Bastantes de los graves efectos (bien es cierto que la potencia de la borrasca fue tremenda) han ocurrido porque las personas ocuparon un espacio que no les pertenecía. La naturaleza —esta sí que es libre— no entiende de democracias acordadas ni de leyes humanas; se mueve allá donde sus fuerzas la llevan, una y otra vez.

La cordura medioambiental sabe que lo más conveniente es no abusar del albedrío humano para trastocar la naturaleza, para evitar las consecuencias de nuevos episodios críticos, además de tener preparados unos protocolos serios que mitiguen los efectos de borrascas erráticas o contaminaciones inesperadas. La responsabilidad colectiva es en cierta manera el precio de esa libertad, una limitación que a la vez nos permitirá protegernos de males mayores.

Además, en estas enrevesadas polémicas —franquicia personal versus demostrada protección colectiva— se culpabiliza a la gente por hacer uso de la libertad, o por no adoptar medidas protectoras, cuando de todos es conocido que el capitalismo salvaje, la inducción al desaforado consumo o la ocupación del espacio virgen han sido los verdaderos culpables del deterioro ambiental, tanto que han convertido la inconcreta licencia en algo material. A pesar de todo lo sufrido y de lo que queda por llegar, se atiza la controversia de si la libertad individual, como marca de la democracia, no debe prevalecer ante el estado del medioambiente, que también es social. Habrá que convenir (bastante gente lo ve así) que la batalla climática es real: pocas dudas plantea, demasiadas incertidumbres.

Culpabilizar a la naturaleza no nos salvará del siguiente episodio. Las personas logran soportar con el tiempo las desgracias que son accidentales, episódicas y llegan de fuera. Pero sufrir por culpas propias se convierte en la pesadilla de la vida. No hay otra salida: o se negocia una transición ecológica justa, que limitará algunas voluntades particulares y sociales, o la convivencia y la paz social no podrán ser garantizadas. Si así sucede, se destruirán muchas más libertades; esas que nacen de la voluntad de ser responsables con nosotros mismos.[1] Más aún, habrá que escuchar e interpretar a Z. Bauman:[2]

> Es difícil concebir una moralidad indiferente a las consecuencias de las acciones humanas, que rechaza la responsabilidad por los efectos que esas acciones puedan ejercer sobre otros.
>
> El advenimiento de la instantaneidad lleva a la cultura y a la ética humanas a un territorio inexplorado, donde la mayoría de los hábitos aprendidos para enfrentar la vida han perdido toda utilidad y sentido.

4. Derivas de contaminación, la pandemia permanente en el aire cotidiano

Las imágenes de ciudades difuminadas con edificios ocultos y gente silueteada por la contaminación del aire, nos alertan una y otra vez de que la vida es aglomerada; en realidad, un complejo invento que sirve mientras dura, permanece si no explota. Sucede tanto en las mastodónticas urbes chinas o de la India en determinadas épocas, También, cada vez más a menudo, en

---

1   Iarse (Instituto Argentino de Responsabilidad Social y Sustentabilidad). <https://iarse.org/hacia-una-gestion-de-sustentabilidad-y-responsabilidad-social-cada-vez-mas-solida/>.
2   J. Mateo (2008). «Zygmunt BAUMAN: una lectura líquida de la posmodernidad». *Revista Académica de Relaciones Internacionales*, núm. 9, 15 de octubre de 2008, GERI-UAM. <https://revistas.uam.es/relacionesinternacionales/article/view/4902>.

Madrid y Barcelona. Conocimos esa niebla contaminante como personaje de la mano de Charles Dickens en *Oliver Twist* hace ya muchos años. Hoy mismo vuelve a ser protagonista en nuestras vidas. Ahora la contaminación del aire es un signo distintivo de la urbanización; podría representar el símbolo de varios aconteceres que el tiempo ha ido combinando de forma más o menos (des)organizada. Entre todos forman un escenario muy complejo que si hiciera falta concretar en una sola idea me inclinaría por decir que es mucha gente que aspira a vivir sin más, quizás a vivir menos y peor. Pero nada más formularla se complica. Cada vez más gente se concentra en los mismos sitios y quiere hacer lo mismo. Búsquese la población mundial y sus pesares en el momento en que lea este pasaje en *Our World in Data*.[3]

Como la hipermovilidad era un signo del motor económico dominante hasta hace un par de meses, casi nadie se preguntaba si los rumores de los apocalípticos ambientalistas se confirmarían. Sorprendía la falta de escucha, pues las muertes directamente relacionadas con la calidad del aire alcanzaban la cifra de 800 000 en Europa, en el año 2016, lo que suponía 133 por cada 100 000 habitantes *(European Herat Journal)*.[4] La disminución/restricción de los movimientos motorizados —en España un 50 % de media con la COVID-19—, según detalla en un informe Ecologistas en Acción,[5] supuso un respiro. Tanto que ha devuelto la transparencia a los cielos[6] españoles, europeos y suponemos que de todo el mundo, pues el transporte es el causante de más de la mitad de la contaminación.

Pero el asunto es puntual y territorial, no nos felicitemos tan pronto. Según mide la NOAA[7] (National Oceanic and Atmospheric Administration, por sus siglas en inglés) con fecha de 2 de mayo los niveles de CO_2 en

---

3　<https://ourworldindata.org/>.
4　J. Lelieved *et al.* (2019). «La carga de enfermedades cardiovasculares derivadas de la contaminación del aire ambiente en Europa se reevalúa utilizando nuevas funciones de índice de riesgo». *European Heart Journal*, vol. 40, núm. 20 (21/05/2019). <https://doi. org/10.1093/eurheartj/ehz135>.
5　Ecologistas en Acción. *Informe Efectos de la crisis de la COVID-19 en la calidad del aire urbano en España* (12/12/2020). <https://www.ecologistasenaccion.org/140177/>.
6　ESA (The European Space Agency). *El confinamiento por el coronavirus provoca una caída de la contaminación en toda Europa.* España (27/03/2020). <https://www.esa. int/Space_in_Member_States/Spain/El_confinamiento_por_el_coronavirus_provoca_ una_caida_de_la_contaminacion_en_toda_Europa>.
7　<https://gml.noaa.gov/ccgg/trends/weekly.html>.

la atmósfera eran superiores a los de hace un año; pues, cuando el dióxido sube es para quedarse largo tiempo. Las organizaciones ecologistas y varias instituciones científicas que investigan la salud atribuyen esta contaminante pandemia sanitaria —ya permanente y con extensiones por todo el mundo— al descuido general, a la incompetencia de gobiernos y empresas, y al egoísmo de demasiada gente, que impregna la vida en común. Por eso, la NOAA, a partir de su investigación acumulada, reclama que los coches pierdan protagonismo en las ciudades. A la vez advierte de que los mensajes de las autoridades para la prevención al virus desaconsejaron el uso del transporte público, sin avisar de que la medida debe ser temporal, a la espera de concretar reservas acordes con los nuevos tiempos.

Cuesta entender que no se produzca una acción gubernativa más contundente ante las cifras de afectados en la salud por la contaminación del aire; que no haya una eclosión de la furia colectiva hacia una rebelión ciudadana que lleve a un cambio de estilo de vida. Será porque la gente piensa que respirar aire envenenado en nuestras ciudades es algo intrínseco a la existencia actual. Además, nadie muere de golpe en la calle o se lo llevan los servicios de emergencia; tampoco nos enteramos de que haya habido un ingreso generalizado de pacientes cardiovasculares o respiratorios. Por lo que fuere, las tímidas protestas que en algún momento saltan a los medios informativos, en forma casi siempre de rabias ecologistas o de jóvenes más o menos concienciados, no consiguen cambiar el cuestionable destino de los urbanitas. A pesar de todo lo razonado sobre contaminación y salud por las comunidades científica y sanitaria. Se quedaron simplemente en rumores o tendenciosas informaciones para amargarnos la vida; por más que procedan de la ciencia agrupada en institutos de investigación tan prestigiosos como el ISGlobal de Barcelona.[8] Este alertaba en febrero pasado de que casi la mitad de los casos de asma infantil de esa ciudad estaban relacionados con la contaminación del aire.

Si la tendencia de movilidad mostrada antes de la COVID-19 se recuperase dentro de unos meses o años, va a resultar muy difícil que la ciuda-

---

8   <https://www.isglobal.org/healthisglobal/-/custom-blog-portlet/cientificament-no-hi-ha-cap-dubte-que-l-aire-de-les-ciutats-perjudica-la-salut-a-que-esperem-per-actuar-/2314760/0>.

danía pueda escapar del peligro, de su gravedad y del grado de tormento que supone vivir sin más; en este caso sí que vale el con menos, pero aplicado a la contaminación y a otros aspectos. Sucede esto en muchas calles de casi todas ciudades, pero lógicamente lo tienen peor las personas que viven en grandes urbes. Por eso, se entiende que los urbanitas huyan fuera de ellas a la menor ocasión que tienen, un día festivo sin ir más lejos. Así, sus caravanas contaminantes añaden partículas al aire infecto, pues las echan el día que se van y el que vuelven.

Lo que sorprende es la distinta percepción de la creciente mala salud progresiva provocada por la contaminación y la emergencia sanitaria que ahora nos afecta. Tiene su explicación. En cada pandemia se ha buscado a los responsables de introducirla; casi siempre gente de fuera, agentes de otros mundos como sucedió en la peste antonina en tiempos del Imperio romano. Por el contrario, pensemos en la multiplicación de enfermedades ligadas a la calidad del aire respirado. Esta aparece como esa cosa, no siempre tangible, de la que muchos hablan y poco conocemos la gente corriente. A pesar de que cada vez haya más voces que dicen que se trata de una consecuencia de las derivas de la vida actual. No hay culpables identificados ni vector cero señalado. ¡Cómo no llamarla pandemia!

Habrá que decirlo más veces o más fuerte: la plaga contaminante no viene de fuera; está dentro. Golpea ya a muchas personas, en sitios muy diversos y alejados. Sería el momento de reparar en ella, ahora que la preocupación por la salud universal parece que se ha despertado. Vendría bien pensar colectivamente si, al hilo de la COVID-19, no merecería llevar a cabo un replanteamiento universal de hacia dónde nos dirigimos, qué queremos ser pasados unos meses o años. Algunos estudios,[9] pendientes de mayor profundidad y acompañamiento, asocian contaminación del aire y mayor incidencia del coronavirus, en particular por la previa exposición a las PM 2,5 que perjudica a los sistemas respiratorio y cardiovascular y aumenta el riesgo de mortalidad. También se dice que el virus viaja más lejos cuando se une a estas partículas contaminantes. Por eso, urge redefi-

---

9 E. Sacristán. «Así afecta la contaminación a la pandemia de COVID-19». *Sinc* (1/05/2020). <https://www.agenciasinc.es/Reportajes/Asi-afecta-la-contaminacion-a-la-pandemia-de-COVID-19>.

nir la vida en relación con el efecto contaminante del masivo uso del transporte privado.

Da miedo tal calamidad de salud,[10] pero este temor provoca respuestas diferentes en contextos similares. Es hora de afrontar situaciones derivadas de la vida actual, basada en el logro inmediato de los deseos; es lo que venden ciertos dirigentes y casi todos los entramados comerciales y empresariales. No resulta sencillo hacer previsiones de futuro que valgan para todas las ciudades del mundo. Por eso, habremos de preguntarnos si las ciudades están ahora preparadas para sobrevivir al presente siglo.[11] Una última sospecha a modo de corolario: habrá que pensar si cuando se teme a algo que hemos construido nosotros no será porque le hemos concedido demasiado poder.

5. La España saturada frente a la vaciada

El medioambiente se resiente por los cuatro costados. No es necesario buscar mucho, simplemente mirarlo desde la ventana de la gestión territorial[12] hacia ese fenómeno que se llama urbanización. Sitios donde se aglomera la gente a lo largo de los siglos dejan espacios vacíos cerca o lejos. Ese desequilibrio poblacional se da por todo el mundo. Desiertos humanos en tierras abandonadas donde crecen plantas de diversas formas y colores frente a zonas masivamente habitadas, donde el suelo es un pavimento continuo. Ciudades que son ahora megalópolis, imposibles de gobernar con unos criterios saludables para el medioambiente propio y las personas. De hecho, las ciudades del mundo ocupan solo el 3 % de la tierra, pero representan entre el 60 y el 80 % del consumo de energía y el 75 % de las emisiones de dióxido de carbono. Ahora mismo, más del 65 % de la población vive en ciudades, según el Banco Mundial.[13] El EOM (El Orden

---

10   DKV. *Índices de salud de las ciudades.* <https://dkv.es/corporativo/indice-de-salud-en-las-ciudades-2022>.

11   L. Meyer (2019). «¿Están preparadas las ciudades para sobrevivir a este siglo?». *Ethic* 43, nov. 2019, 8-13. <https://ethic.es/2020/01/preparadas-las-ciudades-para-este-siglo/>.

12   UNFPA (Fondo de Población de la Naciones Unidas). <https://www.unfpa.org/es/urbanizaci%C3%B3n#readmore-expand>.

13   Banco Mundial. *Población urbana (% del total).* <https://datos.bancomundial.org/indicator/SP.URB.TOTL.IN.ZS>.

Mundial)[14] avisa de que los habitantes de las ciudades se enfrentan cada día a más retos y de mayores dimensiones.

En España, las zonas urbanas (no solo las ciudades) concentran el 80 % de la población total. Se han primado, al menos en el mundo rico y en España desde hace unos sesenta años, modelos de crecimiento diseminado en torno a las ciudades. Por eso, han proliferado nuevas urbanizaciones residenciales de baja densidad. Estas conllevan un alto consumo de suelo y una elevada dependencia del vehículo privado, con los consiguientes impactos sociales, medioambientales y energéticos. La gente, que se ha convertido en «periurbanita» se ha lanzado a ellas porque mezclan proximidad urbana con disfrute de un mejor ambiente natural; a veces, jardines relajantes. Esto es por ahora, pues nadie es capaz de predecir hacia dónde vamos. Dentro del desierto interior hay oasis donde se acumula la gente, pues allí se concentran los servicios públicos y surgen más posibilidades de vida laboral y social. Todo es muy complejo y no se puede justificar con un solo argumento. La población concentrada en capitales de provincia supone un 32 % de la población total según datos del INE.[15] En cierta forma constituyen nodos de actividad que al igual que proporcionan mejoras abducen todo lo que les rodea.

Pero hay otras situaciones a tener en cuenta en esto de la España desigual: entre seis provincias concentran el 43,5 % de habitantes, las seis CC. AA. más pobladas acogen al 70 % de la población. Al otro lado del balancín humanizado se encuentra buena parte de la España olvidada, «menguante», la llamaba Julio Llamazares en un artículo reciente. Entre esta, escondidos porque tienen pocos votos y menos voz, están 3403 municipios (42 % del total) en riesgo de despoblación,[16] como los califica el Informe Anual del Banco de España. Acumulan apenas un 2,36 % de la población. Por lo que podemos decir que la España fragmentada no solo se da entre la costa y el interior, sino entre el medio rural y urbano, también dentro de provincias o comunidades que cuentan con una elevada población como Madrid (el

---

14   A. Merino (2019). «Población urbana en el mundo». *EOM* (8-12-2019). <https://elordenmundial.com/mapas-y-graficos/poblacion-urbana-en-el-mundo/>.

15   <https://www.ine.es/jaxiT3/Datos.htm?t=2911>.

16   Banco de España (2020). *La distribución espacial de la población en España y sus implicaciones económicas.* <https://www.bde.es/f/webbde/SES/Secciones/Publicaciones/PublicacionesAnuales/InformesAnuales/20/Fich/InfAnual_2020-Cap4.pdf>.

norte de su provincia es otro desierto demográfico). Así pues, la distribución poblacional es un conglomerado con acumuladas incógnitas con respecto a sus posibilidades vitales y a la dotación de servicios indispensables, de complejo encaje en esta lanzada carrera hacia la difusa meta del año 2030. Fecha marcada en rojo intenso en muchos calendarios y agendas tanto de la Administración General y Autonómica como de los responsables municipales.

En periodos concretos festivos o vacacionales, la gente urbana provoca la España abarrotada. Es una estrategia de liberación, aseguran algunos. Será porque la vida urbana tiene de todo, menos ser siempre amigable. Las ciudades no se han planificado pensando en los ciudadanos. Esa masiva huida a enclaves concretos, que Internet promociona con insistencia, genera patentes desigualdades y dependencias ambientales nada desdeñables en las zonas de acogida y recreo: contaminación del aire, generación de residuos, elevados consumos de agua y problemas de saneamiento, gastos energéticos, etc. Hace años que empezó esta dinámica acumulativa, pero lo hemos visto este año cuando la pandemia ha abierto ventanas para la movilidad. Cualquiera que haya visitado estos meses «los pueblos más bonitos de…» o «los enclaves que no debe perderse» se ha encontrado con multitudes que buscaban la solitaria belleza y se han encontrado con la masividad del urbanita. Si hubieran ido en un día no festivo, hubieran visto otro paisaje y paisanaje.

Podemos mirar las cosas de otra manera. Seguro que recuerdan aquello que decía que la única perspectiva de resistencia global era ir configurando ciudades y comunidades sostenibles (ODS 11). El Gobierno de España había marcado que se proponía lograr que las ciudades y los asentamientos humanos sean inclusivos, seguros, resilientes y sostenibles. Bien parece. Pero para lograrlo se hacen imprescindibles unas políticas que no dejen a nadie atrás. Difícil desempeño cuando España presenta un acusado envejecimiento en 22 de las 50 provincias, existiendo una situación crítica en catorce de ellas. Por otra parte, la creciente urbanización está ejerciendo presión sobre los suministros de agua dulce, las aguas residuales, etc. Afectan tanto el entorno de vida como a la salud pública. En especial, generan contaminación de aire y ruidos cuando sus habitantes no paran de desplazarse motorizados por unas ciudades que han crecido en extensión. Por eso ha habido familias que, ante las limitaciones de la pandemia o por convicción reflexiva, han aprovechado para huir hacia pueblos pequeños. Si bien suponen poca población en el conjunto global. Pero quién sabe si pasado un tiempo y hay servicios...

Hasta el dinero guardado ha huido de la España marginada. Muchas entidades bancarias, que obtienen beneficios del mundo rural, han cerrado sus oficinas en los pueblos. Han condenado a sus habitantes a hacer malabares —quién sabe si escondiéndolo en los colchones o debajo de las baldosas— para tener el dinero disponible en el momento oportuno o para un imprevisto. Además, buena parte de los pobladores de esas pequeñas localidades son gente mayor que tiene cierta dificultad con los manejos informáticos. Parece ser que el concierto entre Administración y Correos va a paliar este nuevo desamparo.

La España marginada comienza a levantar su voz. Surgen agrupaciones de electores como *Teruel Existe* que quieren llevar sus penurias al Parlamento. Otras iniciativas políticas de signos parecidos están en construcción según denuncia *España Vaciada*.[17] Están cansados de muchos olvidos y peajes ambientales que soportan. No se merecen una granja enorme con miles de animales sin contar con materias propias cercanas, devoradoras de energía y agua, sin una planificación compensada, en sitios poco poblados; todo para satisfacer necesidades de lugares muy alejados. Incluso se quieren instalar en donde la belleza del territorio era un valor supremo. Si hay que construir un cementerio nuclear se busca en... Por cierto, nadie sabe de qué va ese asunto. Se gobierna contra la España vaciada, escuchamos decir a Julio Llamazares, que hizo de Ainielle (Pirineo Aragonés) el epítome de la desigualdad territorial. Apetece volver a ver *El diputado voto del señor Cayo,* película de Giménez Rico basada en la novela homónima de Miguel Delibes en la cual desarrolla una ácida interpretación del devenir del éxodo rural y de la acción política en relación con la España olvidada.

Hace unos días se reunieron los presidentes de ocho comunidades autónomas. Reclamaban una atención especial a sus peculiares territorios, con muchas localidades con pocos habitantes que demandan unos servicios básicos que suponen un alto costo por persona e hipotecan los presu-

---

17   <https://xn--espaavaciada-dhb.org/>.

puestos de sus comunidades. Demandan recursos del Estado para atender las necesidades de una escasa y envejecida población. No están de acuerdo con que distribuya por población el fondo extraordinario de 13 486 millones de euros destinado a las comunidades autónomas, como denunciaba *20minutos.es.*[18] También en las comunidades se dan los extremos poblacionales, con los consiguientes efectos. Zaragoza concentra más de 680 000 habitantes de 1 325 371 de todo Aragón. Imaginemos el reparto espacial de bienes y servicios en un territorio de 47 719,2 km².

Frente a ellos, se encuentran los políticos de la España superpoblada que aducen que se utilice un prorrateo del dinero en función de los habitantes censados. Además, se quejan de que su representatividad en las Cortes Generales resulta cara. El sistema se podrá criticar, pero dado el funcionamiento partidista de nuestro Parlamento no sabemos si es un argumento válido de queja. Más bien parece que los grandes partidos están mosqueados, pero poco, por el desafío rural.

Sea como fuere, si se desea llegar en situaciones similares de bienestar individual al año 2030, habrá que sentar a dialogar a esas varias Españas. Por cierto, muchas localidades pequeñas tienen en las condiciones actuales, como mucho, un horizonte de vida de cincuenta años, cuando la generación de los resistentes desaparezca. No será necesario llevarles los servicios que ahora demandan. Todo quedará en lamentos, como los que expresaría quien esto escribe, nacido en un pueblo pequeño en los años cincuenta del siglo pasado.

6. Siete ciudades en busca de la aureola climática

En alguna ocasión ya hemos hablado del proyecto *Cities2030*. Ahora vamos a adentrarnos en su relación con la iniciativa ODS «El día después, será...»,[19] que es una plataforma, buscadora de alianzas, que impulsan

---

18   <https://www.20minutos.es/noticia/4900872/0/vara-y-otros-siete-presidentes-se-reunen-este-martes-en-santiago-para-fijar-una-posicion-sobre-financiacion-autonomica/>.

19   <https://diadespues.org/evento/siete-ayuntamientos-espanoles-de-la-iniciativa-cities-2030-seleccionados-para-la-mision-europea-100-ciudades-climaticamente-neutras-en-2030/>.

varias entidades. Entre ellas, REDS y ISGlobal, junto a otras, como una empresa de suministro eléctrico que poco hace sin interés económico por la ciudadanía. Ahora, se publicita por doquier que la Comisión Europea ha seleccionado a siete ciudades españolas, se ha caído Soria de la declaración de hace un año, para que «aceleren su proceso hacia la neutralidad climática». Madrid, Barcelona, Valencia, Sevilla, Valladolid, Vitoria-Gasteiz y Zaragoza deberán transitar de forma acelerada hacia la neutralidad climática en carbono; apuesta valiente de la UE porque ha añadido la coletilla de por y para la ciudadanía. Se supone que estas siete ciudades, así como otras europeas, habrán presentado proyectos en sintonía con aquello que reza el ODS 11. Ciudades y comunidades sostenibles. Lógicamente habrán justificado cómo cumplirán en su momento todas las metas.

Aunque habrá que estar atentos, no sea cosa que detrás de la declaración de intenciones se escapen despistes e intereses menos ambientalistas; acaso emplear los recursos de la *Next Generation UE*[20] para proyectos que simplemente tiñen de verde las intervenciones de algún que otro ayuntamiento. Permanezcamos atentos a los medios de comunicación próximos o comunicados de las ONG del ramo y veremos cómo va la cosa. Porque hay que utilizar cada céntimo de los 360 millones de euros que reparte la UE en conseguir que en las ciudades seleccionadas se cumpla lo de la neutralidad y, en consecuencia, mejoren algo o mucho todas las metas del ODS 11. La emergencia/crisis climática afecta a todas las estancias ambientales y sociales. Más adelante, comentaremos cómo estaban hace un par de años.

Mantenemos esta prevención porque hasta ahora, y ha pasado mucho tiempo desde que empezamos a hablar de educación ambiental urbana, incluso de los ODS, ninguna ciudad española cumple los objetivos marcados. Se llevó a cabo una evaluación concreta: Informe 2020. Los ODS en cien ciudades españolas,[21] por encargo de la Red de Soluciones de Desarrollo Sostenible (REDS),[22] antena de SDSN en España, que dirigieron Sánchez de Madariaga y Benayas y en la que colaboró mucha gente experta.

---

20   <https://next-generation-eu.europa.eu/index_en>.
21   <https://reds-sdsn.es/wp-content/uploads/2021/12/2020-Informe-REDS-Los-ODS-en-100-ciudades-FULLWEB.pdf>.
22   <https://reds-sdsn.es/>.

En el informe se constató que, aunque ha habido avances, quedaba bastante camino por recorrer. Eso sucedía antes de que nos golpearan la CO-VID-19 y la invasión rusa de Ucrania. ¿Se encontrarán esas ciudades en la misma situación y disposición? Copiamos textualmente una parte de la síntesis del Informe:

> El diagnóstico global del grado de cumplimiento de los Objetivos de Desarrollo Sostenible en las ciudades concluye que la mayoría (82 %) se encuentran a mitad de camino y en una transición progresiva hacia la sostenibilidad. El 11,30 % de los ODS ha conseguido alcanzar un grado de cumplimiento satisfactorio de sus indicadores en determinadas ciudades y solo el 6,6 % presenta niveles bajos de progreso en algunos municipios.
>
> Entre los ODS con un mayor grado de cercanía a su cumplimiento destacan el ODS 3 (Salud y bienestar) y el ODS 4 (Educación de calidad), con 28 y 22 ciudades que consiguen alcanzar los valores más altos. Les sigue el ODS 16 (Paz, justicia e instituciones sólidas), seguido del ODS 17 (Alianzas para lograr los objetivos), con 19 y 18, respectivamente. Por último, los ODS 6 (Agua y saneamiento), 7 (Energía asequible y sostenible) y 13 (Acción por el clima) presentan el rendimiento más alto en 13-15 ciudades.

Pero claro, vista la apuesta por la neutralidad climática, esos dos últimos son los que preocupan mucho. Es más, su influencia en el resto de los ODS es trascendental. Conviene acudir al informe para enterarse en qué grado de cumplimiento se encontraban estas siete ciudades seleccionadas[23] en relación con los ODS cuando se redactó el informe. En el anterior enlace hay que seleccionar la ciudad concreta, clicar sobre cada ODS y ver cómo va la encomienda en los diferentes aspectos. Aquí vamos a reseñar solamente una panorámica muy resumida:

- Barcelona tenía un bajo nivel de cumplimiento en los ODS Hambre cero, Vida en los ecosistemas acuáticos y en los ecosistemas terrestres. Además de un medio-medio bajo en Agua y saneamiento, Reducción de las desigualdades, Ciudades y comunidades sostenible.

- Madrid, por su parte, se calificaba como medio medio-bajo en Hambre cero, Reducción de las desigualdades, Ciudades y comunidades sostenibles.

---

23   <https://spanish-cities.sdgindex.org/>.

- Sevilla anotaba bajo nivel en Vida en los ecosistemas terrestres, y medio-medio bajo en ocho de los restantes: Fin de la pobreza, Igualdad de género, Agua limpia y saneamiento, Energía asequible y no contaminante, Trabajo decente y digno, Industria e innovación e infraestructuras, Reducción de las desigualdades, producción y consumo responsables.

- Valencia mostraba un nivel medio-medio bajo en Fin de la pobreza, Hambre cero, Industria e Innovación, Reducción de desigualdades, Ciudades y comunidades sostenibles, Vida de ecosistemas terrestres.

- Valladolid tenía un nivel medio-medio bajo en Fin de la pobreza, Hambre cero, Ciudades y comunidades sostenibles, Vida de ecosistemas terrestres.

- Vitoria-Gasteiz debía mejorar Hambre cero, Reducción de desigualdades, Vida de ecosistemas terrestres. Sin datos en Fin de la pobreza.

- Zaragoza solamente mostraba un nivel medio medio/bajo en Hambre cero, Vida de ecosistemas terrestres.

Para hacerse una idea más concreta sobre cómo están en su acción por el clima (ODS 13) hay que entrar en cada una y mirar. Como nos suponemos que el óptimo para 2030 será 100, y medio supondrá 50, aquí van las puntuaciones parciales ponderadas entre emisiones CO_2/habitante, emisiones CO_2/industria y edificios, emisiones CO_2/transporte y pacto de alcaldes: Barcelona (83,84), Madrid (68,38), Sevilla (70,27), Valencia (73,74), Valladolid (58,94), Vitoria-Gasteiz (80,19) y Zaragoza (68,05). A la vista está que la mayor parte, excepto Barcelona y Vitoria, tienen muchas transformaciones pendientes para ser climáticamente neutras en 2030. En el informe *La movilidad sostenible del futuro y su impacto sobre los ODS*,[24] presentado en el marco del III Observatorio de la Movilidad Sostenible de España, supone una colaboración de distintas entidades parti-

---

24 <https://www.grantthornton.es/contentassets/0129da793696451d80a8d6d0d92 85cc6/iii_observatorio-de-movilidad_la-movilidad-sostenible-del-futuro-y-el-impacto-sobre-los-ods_digital.pdf>.

culares de alta incidencia social en el mejora de la movilidad. Por eso, se mezclan realidades con incertidumbres imaginarias. Aun así, allí se pueden localizar las ciudades mejor posicionadas en bastantes casos. El Ministerio de Transportes y Movilidad Sostenible ha puesto a su disposición una plataforma para ayudarlas a avanzar en la neutralidad climática.[25] A ver si el compromiso enunciado por administraciones y empresas compromete su acción futura. Todos lo agradeceríamos.

7. Ciudades sostenibles, verbigracia

Hace más de cincuenta años que Italo Calvino publicaba *Las ciudades invisibles,* aquellas que no se ven, pero que determinan buena parte de lo que acontece sobre su suelo urbano. Aludía el autor a ciudades que las tenemos tan cerca que nos las vemos. La trama cuenta que Marco Polo describe ciudades fantásticas al rey tártaro Kublai Khan. Habla en primer lugar de Olivia. Esta, a pesar de ser rica y próspera, a la vez se ve «envuelta de hollín y pringue que se pega a las paredes de las casas». En la obra, advertía Marco Polo en primer lugar aquello que el rey tártaro ya conocía: que no se debe confundir nunca la ciudad con las palabras que la describen. Y, sin embargo, entre la una y la otra hay una relación. Había ciudades continuas; escondidas; sutiles; asociadas al cielo, al nombre, al sueño, a la memoria, a los intercambios, a los muertos; además de ciudades combinadas con ojos y sueños.

Su capital era Eutropia, donde «al entrar el viajero no ve una ciudad, sino muchas, de igual importancia y no disímiles entre sí, desparramadas en una vasta y ondulada meseta. Eutropia no es una, sino todas esas ciudades al mismo tiempo; una sola está habitada, las otras vacías; y esto ocurre por turno». Al tiempo, «la ciudad repite su vida siempre igual, desplazándose hacia arriba y hacia abajo en su tablero de ajedrez vacío». Resaltemos algunas por sus bellos nombres y propiedades: Sofronia, ciudad compuesta de dos mitades; Zemrude, que responde a lo que quieras ver en ella, de cómo esté tu humor (así pues, no es ella, sino el reflejo de quien la mira); Moriana es una ciudad bidimensional, reflejo de las ciudades exis-

---

25 <https://esmovilidad.transportes.gob.es/node/1120>.

tentes cuando escribió, deslumbrante para el público y a la vez enferma, pues oculta problemas y dificultades; luego están la celeste Bersabea, o la Maurilia campesina y la Maurilia metrópoli. Y muchas más, todas inventadas con nombre de mujer, que para eso son ciudades.

Merece la pena leer despacio la interpretación que sobre esas ciudades realiza el Área de Educación del Museo Nacional Thyssen-Bornemisza,[26] con textos e imágenes que personalizan las ciudades identificadas de forma anónima por Calvino, tal como si entablasen un diálogo entre lo pintado y lo escrito, ante los pensamientos de quien lee y mira; según el formato de asistencia, el día y la hora de la visita, la intención voluntaria u obligada.

En 2018 se estrenaba *La ciudad oculta* de Víctor Moreno,[27] película premiada en el Festival de Sevilla de 2018. De la cual no nos resistimos a reproducir su sinopsis: «Bajo la ciudad moderna se extiende un vasto entramado de galerías, túneles, tuberías, alcantarillas, redes de transportes, estaciones subterráneas… Una inmensa telaraña sobre la que se asienta, y de la que depende, la metrópolis visible; un espacio funcional e imprescindible, pero también un ámbito simbólico, una esfera oculta: el inconsciente de la urbe». O como se dice en la cita del mencionado festival. Después de colarnos en el Edificio España, simbólico edificio madrileño, Víctor Moreno nos conduce a un viaje sensorial y casi lisérgico por el subsuelo de la ciudad: «el vasto entramado de galerías, túneles, tuberías, alcantarillas, redes de transportes, estaciones subterráneas, zonas de ocio y consumo que bullen bajo nuestros pies. Una realidad tan escondida que casi parece irreal, en una sensual fusión de antropología y ciencia ficción que nos invita a reflexionar sobre qué esconde la idea de progreso en la que se cimenta nuestra sociedad».

Hoy se habla mucho de ciudades sostenibles, incluso así las situaron en el ODS núm. 11. Ciudades y comunidades sostenibles,[28] de las que se enuncian sus metas. Son ambiciosas, variadas y de alcances diferentes, por

26 *Las ciudades invisibles. Recorridos temáticos.* <https://www.museothyssen.org/sites/default/files/document/2017-10/Ciudades_invisibles_esp.pdf
27 <https://www.margenes.org/pelicula/5e7a0f804fdd05274cdbcd41>.
28 <https://www.un.org/sustainabledevelopment/es/cities/>.

eso costará concretar sus estrategias en el corto y medio plazo. ¡Son tan diferentes los puntos de partida! En realidad, las ciudades no son lo que parecen: los flujos de materia y energía, sus habitantes o visitantes que interactúan; la biodiversidad va y viene, la urbanidad también. La historia de tal o cual ciudad, así como la ciudad del mañana se escriben desde siempre. Todas son más gratas o menos, según la lupa con que se miren. Hay que dialogar con la ciudad para observar si la de dentro tiene que ver con la de fuera, esa inmensa telaraña que, en realidad, la sostiene según el director de la película *La ciudad oculta*. En cada una de las que habitemos, habrá que conocer si una subterránea y otra edificada conviven en una cierta sostenibilidad. La ciudad, por más que su tecnología le permita ser una anónima criatura, es ecodependiente de sus entornos próximos o lejanos. Algo que los urbanitas tardan en ver. Aprecian antes la ciudad protagonista de la historia. Normal, así se ha enseñado y aprendido.

Alguien admira las ciudades por su belleza, por el arte, la riqueza, la extensión, la pulcritud en su diseño, y otros aditamentos externos. La ciudad nace y se hace cada día. Por eso, en ocasiones, se empeña en dividirse entre zonas que habitan ciudadanos ricos y barrios pobres. Alarma leer que quince de los barrios urbanos más pobres se encontraban el año pasado en ciudades andaluzas.[29] Algunos medios de comunicación separaron ciudades entre opulentas y paupérrimas, barrios ricos y pobres.[30] Desde aquí nos preguntamos cuáles se podrán calificar como sostenibles y en qué. Ciudades de España que son un pequeño muestrario de las ciudades del mundo. ¿Cómo las llamaría Calvino?

Hay ciudades escaparate, como el París turístico, en donde parece que todo se armoniza; servirían también Londres y Nueva York. Recuerdo ahora a Berna y su pulcritud; hace unos años me dejó atónito. Otras, las megalópolis de países pobres son una amalgama de ciudades. Interesante el artículo que ponderaba la bella coordinación no programada que se admiraba en la ciudad

---

29 *Eldiario.es* (15/04/2021). <https://www.eldiario.es/andalucia/doce-15-barrios-po-bres-espana-encuentran-andalucia-informe-anual-ine_1_7972138.html>.

30 R. Miñano (2021). «Los barrios más ricos y pobres de España». *Antena 3* (15/10/21). <https://www.antena3.com/noticias/economia/barrios-mas-ricos-pobres-es pana_20211014616864e35cf0680001992603.html>.

de São Paulo y muchas latinoamericanas, las ciudades desordenadas.[31] Como bien sabía apreciar el cubano francés Alejo Carpentier: «En América Latina, lo maravilloso se encuentra en la vuelta de cada esquina, en el desorden, en lo pintoresco de nuestras ciudades». Ahora se habla bastante de las ciudades inclusivas, que sean además seguras y marcadamente resilientes. La Unión Europea puso en marcha el proyecto Resceu,[32] Barcelona estudia cómo adaptar la ciudad al cambio climático desde hace ya años; Vitoria se nombra como ejemplo. La ciudad imaginada tardará en ser realidad porque su metabolismo es complejo y está sujeto a intereses muy diversos, contradictorios, entre los promotores de las actuaciones y los presuntamente afectados. Federico García Lorca calificaba las ciudades como periódicos mentirosos; si visitara las de hoy, no sabemos si vería más mentirosa a la ciudad o a algunos periódicos.

Para terminar, volvamos al principio. Pensemos en estas palabras de Italo Calvino: «Las ciudades son un conjunto de muchas cosas: memorias, deseos, signos de un lenguaje; son lugares de trueque, como explican todos los libros de historia de la economía, pero estos trueques no lo son solo de mercancías, son también trueques de palabras, de deseos, de recuerdos». Por eso nos cuesta interpretar lo de resilientes, ¿serán aquellas en las que conviven sin excesiva desarmonía lo visible y lo oculto?[33]

Por cierto, ¿qué saldrá para experimentar del Foro de las Ciudades[34] que tendrá lugar en Madrid del 18 al 20 de junio de 2024? ¡Que no sean nunca más millones de seres viviendo juntos en soledad!, que decía Henry D. Thoreau hace más de 150 años. En fin, sostenibles en qué, para qué o para quién; ahora y hasta cuándo. Las ciudades invisibles de Calvino o las ocultas de Moreno, o las resilientes que se quieren ahora; unas y otras son las que habitamos nosotros. Hay muchas formas de mirar la ciudad. ¿A cuál de las que describe Unamuno en *Ciudad y campo*[35] se apunta?

---

31   A. Zabalbeascoa (2022). «Ciudades desordenadas para vivir mejor». *El País* (28/04/2022). <https://elpais.com/eps/2022-05-29/ciudades-desordenadas-para-vivir-mejor.html?sma=newsletter_eps20220527#>.

32   <https://cde.ugr.es/index.php/component/tags/tag/rescue>.

33   UNDRR y MCR 2030 (Iniciativa desarrollando ciudades diferentes). *¿Mi ciudad se está preparando?* <https://mcr2030.undrr.org/es> .

34   <https://www.ifema.es/forociudades>.

35   <https://www.cervantesvirtual.com/obra-visor/ciudad-campo-paisajes-y-recuerdos/html/dcaccf4c-2dc6-11e2-b417-000475f5bda5_2.html>.

8. Paisajes elaborados, no consumidos

Buena parte de la gente, exhausta anímicamente por la pandemia y la posterior guerra de Ucrania, esperaba el verano para expandirse hacia lugares distintos a las ciudades heridas.

A veces, importa más abandonar el lugar de vida que el destino. Por eso se pierde buena parte de lo que cuenta cada paisaje visitado, que en palabras de Juan Ramón Jiménez se compondrá de una multitud de elementos esenciales, sin contar con los detalles más insignificantes, que, a veces, son los más significativos.

Cada paisaje tiene varias dimensiones, nos contaba el ecólogo F. González Bernáldez,[36] pues tanto importa lo que se ve como las relaciones implícitas que se nos escapan. Este científico nos dejó en la orfandad naturalista hace ahora treinta años, un 16 de junio. De él aprendimos a valorar la riqueza de paisajes antes denostados o mal interpretados, como la estepa de Los Monegros, que rara vez constituye un paisaje que visitar más de una vez. Se prefiere el bosque frondoso o la aventura, que se oferta turísticamente desde el Aneto hasta el sur de Teruel. ¿Será una consecuencia cultural de los cuentos infantiles o los documentales de Rodríguez de la Fuente o J. Cousteau?

Los lugares promocionados una y otra vez motivan la concentración de mucha gente en pocos sitios. Entonces, el entramado biogeográfico enmudece ante el turismo masivo. La visita se convierte en un estar que apenas remueve pensamientos valorativos. Hay gente a la que no le importa huir de una aglomeración para meterse en otra: ese efímero lugar de paso, tipo agencia de viajes y muy consumido actualmente. Todo está demasiado antropizado, hasta el aire que da vida al enclave, hasta la cima del Everest; acaso contaminado por el comercio o la diversión. Por eso, las imágenes no pasan más allá de los ojos.

Sin embargo, un lugar no es nada si alguien no lo observa con atención, trata de aprehender aquello que está bien visible, y se pregunta por la oculta urdimbre que a lo largo de siglos lo ha configurado. Casi cualquier

---

36 <https://repositorio.uam.es/bitstream/handle/10486/685707/EM_60_14.pdf?sequence=1&isAllowed=y>.

paisaje puede convertirse en un estado de ánimo que relaciona pasado, presente y futuro. Seguramente nos hablará, incluso con vivacidad por medio de sus bioindicadores.

Observar un paisaje es construir enlaces con él. Se necesita cierta habilidad e intención para componer un bosquejo mental que enriquezca las experiencias anteriores y todo junto forme el bagaje cultural interpretativo. En cierta manera, todas y cada una de nuestras vivencias son huecos llenos de algo, que a la vez suponen una experimentación en la propia concepción. Así se evita que se disuelva enseguida el eco del paisaje concreto.

No nos limitemos a estar ante un paisaje. Demos significado a lo que se observa. Mejor cuando la captura se hace en compañía, otra mirada que coincide o no con la nuestra; ambas se enriquecen si se comparten. Hay cierta geometría experimental en la construcción que cada cual hace del lugar visitado. El verdadero deseo exige saber mirar, ser capaz de componer un bosquejo mental que intercambie señales con el territorio. Por eso, aquí encaja aquello que decía la antropóloga estadounidense Kaori O'Connor de que «la más importante relación entre las personas y el paisaje no es estar en él, sino dejar que él esté dentro de ti»[37]. Importa más la memoria construida que el momento vivido. No se pueden comparar unos tomillos con un abeto, ni una menguada balsa con el Ebro, ni la estepa con la superatractiva nieve. Pero cada cual es rico en atributos y cumple su función. «Lo esencial es invisible a los ojos», manifestaba el Principito de Saint-Exupéry.[38] Nuestra imaginación es la que observa y ve.

Existe una tendencia arrasadora hacia los lugares singulares, a veces, solo para recoger la instantánea e intercambiarla con otras que nos envían amistades o familia. Los urbanitas, en cierta manera todos lo somos, quieren parecerse más que nunca a los ruralitas, que a su vez se han acopiado de tics urbanitas. Un paisaje es sublime si captamos la compleja biodiversidad que muestra o esconde, que también podemos poner en peligro. No es sencilla la misión de encontrarse a sí mismo en el paisaje, ver desde dentro enseña más

---

37   <https://commoditiesofempire.org.uk/kaori-oconnor/kaori-oconnor-bibliography/>.

38   EC. «El viaje interminable de Antoine de Saint-Exupéry» (30/07/2014). *El Confidencial.* <https://www.elconfidencial.com/cultura/2014-07-30/70-anos-sin-el-padre-del-principito_169274/>.

que una simple panorámica. Intentémoslo en este verano de reposición del ánimo y de expansión de los horizontes personales. Una sugerencia personal, un lugar para encontrarse. Hace más de veinte años el Aula Abierta de la Fundación March programó un ciclo de conferencias «Iconos de la modernidad. (Antes y después de Kandinsky)». Observen el paisaje como motivo de Kandinsky, sus composiciones, e intenten identificarlos con un lugar que conocen y visitan a menudo. ¿Será posible?

Elaboremos nuestro propio paisaje y dejemos el mínimo rastro en el lugar.

9. La sequía extraparlamentaria y etérea. Ensayo sobre la falta de lucidez

Dicen que la sequía va a ser la previsible y continua tragicomedia social; acaso el punto y seguido tétrico que marcará el futuro. Aseguran que junto con la contaminación urbana constituyen las dos grandes amenazas socioambientales. Tragedia por sus efectos, ahora solo se miran los económicos y de abastecimiento, pero hay muchos más que deterioran la calidad de vida de demasiada gente. Detrás de los males se parapetan los olvidos junto a desidias desorbitadas o egoísmos de los poderosos. Tal descompostura, peligrosa en sí misma, lo es todavía más cuando se ningunea en los parlamentos, tanto del Estado como autonómicos. La gresca ha sustituido a la función principal del parlamento: hablar o debatir para concertar.

En el asunto del agua, todos sabemos que lo grave de la situación es la escasez crónica de agua meteorológica, junto con la sobreexplotación de los ríos y acuíferos. Tragicomedia intelectual, no apta para mentes sensibles, cuando las televisiones muestran imágenes hablando de la excepcionalidad de la sequía meteorológica que dibuja y mantiene las sequías hídricas y socioeconómicas. La falta de precipitaciones es un distintivo de esta España nuestra,[39] y tememos que se agrave con el cambio climático.

La ciencia meteorológica pronostica escaseces más abundantes. Y no es una profecía. Son datos contrastados. El problema del agua es planeta-

---

39 <https://www.rtve.es/noticias/20221007/mapas-sequia-espana-datos/2405094.shtml>.

rio, pero con más nudos que las cuentas de un rosario; varios los tenemos que desenredar por aquí. Quienes quieran ampliar los argumentos tragicómicos revisen las viñetas de *El Roto,* una enciclopedia de la insensata percepción del agua no compartida que nos sirve para interiorizar, si queremos, cómo somos y lo que nos queda por aprender.

Si cada vez llueve menos y queremos más agua para más cosas —todas las personas en el mismo momento— algo fundamental falla en la inteligencia colectiva. La demanda supera a la oferta año tras año, y la primera es acumulativa, mientras que la segunda se contrae. Un mito del pasado que condiciona el presente, un singular juego entre los humanos y la naturaleza en sentido amplio. Ni las procesiones o novenas a los dioses hacen ya llover. Los secanos agonizan en abril. Ni con la posible lluvia bendecida evitan las maldiciones que su falta provoca. Porque mi sequía nunca será tu sequía, defienden los gobiernos cuando se pelean entre ellos.

El final es el principio: no disponemos, ¿cada vez menos?, de suficiente agua para contentar a los demandantes presentes y futuros. Es un problema de percepción social: debemos adaptar nuestras demandas al agua disponible —varía en cada lugar y momento— porque lo contrario es una estupidez, y además es imposible. La sombra de la restricción del agua de boca es cada vez más alargada; en algunas localidades los bomberos reparan un poco el abandono en este mes de abril. Los parlamentos, la mayoría de los ayuntamientos, desdeñan hablar racionalmente de uno de los mayores conflictos sociales de nuestro día a día. Acaso se lanzarán unos cubos de agua teñida de improperios los unos a los otros. ¿A riesgo de graves penas o multas, como les sucedió a los científicos climáticos que derramaron agua teñida con productos vegetales a las puertas del parlamento español?[40] ¿No era en cierto modo una metáfora de agua y vida, pero negada por quienes más pueden hacer por restaurar el caudal perdido?

El agua se tornó extraparlamentaria porque debió planificarse y no puede vestirse de adornos efímeros, como esos planes de cuenca que hacen negación de las previsiones meteorológicas, y climáticas. La mirada de quienes la demandan se hace hosca en la ciudadanía demandante; nunca

---

40   <https://www.rtve.es/noticias/20220406/activistas-rebelion-cientifica-tinen-rojo-fachada-del-congreso-contra-inaccion-politica-ante-cambio-climatico/2328017.shtml>.

les dijeron los gobernantes que deberían vivir entre las limitaciones de la naturaleza que vive en su desentendida entropía. Los mismos gobernantes de cualquier lugar que ahora solo hablan de quienes les quitan el agua. ¡Qué difícil es robar el deseo de poseer! ¿Para cuándo un pacto nacional por el agua como variable natural y social? Podrían intentarlo con vistas a las elecciones municipales y autonómicas, pero la falta de lucidez lo impide. ¿Cómo los llamaría Saramago ante su falta de lucidez, su capacidad para cambiar para bien el futuro de toda la ciudanía que representan?

El esperpento de Doñana es un monumento mental a la falta de lucidez política.[41] Se ha convertido en el hazmerreír hispano que viaja fuera, como antes lo fue a escala mundial la tragedia del exmar de Aral planificada por los megalómanos soviéticos o la actual del lago Salado estadounidense. La forma de abordar el epílogo de Doñana por el gobierno andaluz es el epítome del agua etérea, fotocopiada en casi todos los parlamentos autonómicos con problemáticas ligadas a la «bendita agua». Para su escarnio —más el de los demás— discuten del agua infinita, de su agua negada a los otros, quitada a los ríos, al resto de los seres vivos y los acuíferos; de la no vista porque no vendrá. Sin darse cuenta de que el agua de la que hablan se guardaría en una cesta con los mimbres descompuestos, como sucede en Almería y estará Doñana, que a este paso adquirirá la tragedia mundial a la altura del mar de Aral o el lago Salado. Todo por un puñado de votos rurales, o de dólares, tan fílmicos como mostraba la película dirigida hace sesenta años por Sergio Leone y protagonizada, entre otros, por Clint Eastwood. Al final, la mala gestión de agua provocará ahogos de dimensiones varias. Y no es una profecía ni una amenaza. *Sequía somos todos*, podría ser una película denunciante de WWF.[42]

La sequía sencilla y sentida, nada etérea sino muy real, que dedicó José M.ª Hinojosa a Luis Buñuel, nacido en una tierra de polvo, niebla, viento y sol, como cantó José Antonio Labordeta:

> Los árboles negros,
> cruzan
> sus ramas,

---

41   <https://www.france24.com/es/minuto-a-minuto/20230415-el-agua-del-gran-parque-natural-de-do%C3%B1ana-desata-una-guerra-pol%C3%ADtica-en-espa%C3%B1a>.
42   <https://www.wwf.es/nuestro_trabajo/agua/sequias/>.

pidiendo
un poco de agua.

Los árboles negros,
clavan
su mirada,
en el cielo.

A los árboles negros,
no les cae agua,
y casi secos,
fijan sus ojos
en la tierra sin jugo
y sin aliento.

10. La casi banalización de la naturaleza, en cualquier sitio

Salvo distintas gentes por todo el mundo, el resto estamos acostumbrados a utilizar la naturaleza a nuestro antojo. Además, en estos momentos de calor en España apetece más. Es como si nos permitiese ampliar nuestra libertad. Da lo mismo que sea en un bosque frondoso o en el más mínimo hilillo de agua.

En este verano caluroso la naturaleza está más antropizada que nunca. La senda que te conduce a aquel enclave perdido se ve hoy como un paseo ciudadano sin semáforos. El P. N. de Ordesa y Monte Perdido recibía anualmente unos 600 000 visitantes. Tras la espantada al monte del primer verano sin restricciones COVID-19 se superará claramente esta cifra, por más que haya restricciones. Ayer mismo, *El Periódico de Aragón*[43] publicaba que el vecindario estaba preocupado por la masiva afluencia de turistas —animados por las redes sociales— y contaba que el Ayuntamiento de Torla había solicitado ayuda a la Guardia Civil.

Cualquier riachuelo de montaña o llano acoge estos días, sobre todo los fines de semana, una densidad de usuarios mayor que las terrazas «bareras» de la población más cercana. Cualquier lugar donde haya agua ejer-

---

43 I. Marín. «Las consecuencias del turismo. Torla alerta de los problemas por la afluencia masiva a la poza del Molino». *El Periódico de Aragón* (19/08/2023). <https://www.elperiodicodearagon.com/aragon/2023/08/19/torla-alerta-problemas-afluencia-masiva-91128900.html>.

ce una atracción atávica que nos debería recordar nuestra dependencia de ella. Así que no es extraño que sea fuente de conflictos,[44] muchos y de diversas intensidades y modelos.

Los ríos, sobre todo los de menos caudal, son ecosistemas frágiles con unas complejas relaciones que se descomponen con el primer visitante. Cuando se concentran muchos, se altera todo, desde el lecho del río hasta los múltiples seres vivos que lo componen. A los ruidos y destrozos visibles se unen los productos no visibles añadidos al agua. Estos pasarán los filtros del agua de abastecimiento de su curso, con los riesgos que conlleva para todos los seres vivos. Los pueblos que se abastezcan posteriormente asumen su potencial carga inadecuada, a veces tóxica. Hoy día, varios ayuntamientos españoles han debido limitar el número de personas que permanecen simultáneamente en las pozas cercanas al pueblo. Lugares que los promotores turísticos ya se encargan de divulgar. La banalización esparcidora se fomenta vía internet, pero se olvida de hacer pedagogía frente a la fragilidad. Cuando quienes lo visitan se marchan, dejan una huella ecológica considerable.

Qué escribir sobre lo que pasa en las playas. ¿Qué nos dicen imágenes difundidas estos días en los periódicos y televisiones de playas en las que cambiar la toalla de lugar es una aventura? Lo de las basuras en las arenas y el agua es para abordarlo seriamente. No sirve cuestionar los servicios de limpieza, sino el proceder de los usuarios. Parece que ensuciar esos lugares sea un derecho antrópico. Quienes duden del asunto fíjense en las fotografía que se difundirán cada año tras las fiestas de san Juan, de la llegada del solsticio de verano. Menos mal que no toda la gente piensa lo mismo.

Hay que debatir mucho sobre el disfrute masivo de ciertos enclaves frágiles. Si nos atrae más el agua, la fiesta o formar parte de una masa de intereses. Hay que saber combinar la libertad de los usuarios sin que esto suponga un ataque frontal a ciertos enclaves bellos. Porque lo de hoy es, sin duda, la antesala de mañana. Y mañana es ya, ahora mismo.

---

44 Pacific Institute Reimagining water for a chaining world. <https://pacinst.org/water-conflict-chronology/>.

11. Hipótesis: Zaragoza y Toledo se mudarán al desierto y Cantabria al Mediterráneo

Además, las fresas andaluzas ya no serán objeto de litigio hídrico en 2050. Tomémoslo solamente como hipótesis atrevidas de este contador de escenas ecosociales.

Los mapas geográficos son la representación gráfica de lo que era, es o puede ser el escenario en el que la vida diversa interacciona. Representan múltiples variables geográficas, históricas, económicas y de todo tipo; como bien sabemos desde nuestra etapa escolar. Aquí vamos a hablar únicamente de los mapas climáticos y de lo que muestran y avisan. Quienquiera que puede contrastarlos con mapas demográficos, económicos, ambientales o de todo tipo. Las lecturas comparadas ya se ofrecen por internet. Es conveniente informarse de los detalles o variables que hacen más o menos difícil la vida.

Las clasificaciones climáticas de España antigua sirven de poco. Imaginamos que los y las jóvenes de hasta 50 años más o menos ya no estudiarían aquello tan simple de que España tenía por zonas unos climas mediterráneo, continental y oceánico; excepción hecha de Canarias y las áreas de media y alta montaña. O sí, porque todavía lo hemos visto en algunos libros de texto. Los mismos que presentan el clima como algo estático; si bien es todo lo que se quiera menos inamovible. Tanto en lo que se refiere a su pasado como a su futuro. Luego habrá que desechar aquellos mapas y mirar de otra forma para entender los aconteceres venideros.

Hablar del clima aburre. Leí en un titular de un medio que hasta ese momento no se podría catalogar como escaparate negacionista. En su argumentación decía que era necesario hablar menos y hacer más, se planteaba cómo iba a ser creíble la acción global si muchos congresos o estudios los patrocinaban o financiaban los graves transgresores climáticos. El título de esta entrada puede parecer demasiado contundente, atrevido pronosticar con tanto avance; incluso alguien lo descalificará con un despectivo apocalíptico. Su misión primera es llamar la atención sobre el clima, el regulador de la compleja vida y sus interacciones. El clima se lee ahora en términos de emergencia, como esa investigación publicada en *Nature Communications* que nos avisa de que el Ártico se quedará sin hielo en

2030.[45] A nuestro pesar, la lectura no es superventas. Aunque a usted no le resulte muy grave el asunto, pásese por *Cambio climático y sostenibilidad en el mundo* de DYM,[46] que recoge las opiniones de la ciudadanía sobre esta relación. Incluye una separata para España. Es un resumen de otra encuesta más amplia de WIN International[47] y su estudio – explora las opiniones y creencias de 29 252 personas entre ciudadanos de 34 países de todo el mundo.

Vayamos por partes. Presentemos el mapa de calor que proporciona el IDAE[48] (Instituto para la Diversificación y Ahorro de la Energía). En él se pueden buscar las demandas de MWh por regiones y localidades, los poblacionales y los distintos establecimientos donde se realiza más demanda de energía. Incluye una guía de usuario que viene muy bien. Pero esto da una imagen más o menos fija. Complementémoslo, como modelo, con lo que dice la iniciativa presentada por ADIF (Administrador de Infraestructuras Ferroviarias) de España en su Plan de Acción contra el Cambio Climático 2018-2030.[49] Recoge previsiones a doce años de las cuales hemos consumido la mitad; pero el plan se ha actualizado. ¿Deberían tener algo similar todas las empresas?

Sin mirar ningún mapa, notamos que cada ver hace/sentimos más calor. La ciencia nos avisa de que esto va en aumento a no ser que se tomen medidas drásticas. En esta conversación entre el autor y Cristina Monge,[50] se habla de canículas irrespirables, trastornos nuevos agravados por irrupción de especies desconocidas como el mosquito tigre o el empuje de la

45   Y. H. Kim, S. K. Min, N. P. Gillett y cols. (2023). «Proyecciones observacionales restringidas de un Ártico libre de hielo incluso en un escenario de bajas emisiones». *Nat Comuna* 14, 3139 <https://doi.org/10.1038/s41467-023-38511-8>.
46   DYM – Market Research. <https://institutodym.es/es/cambio-climatico-y-sostenibilidad-en-el-mundo/>.
47   WIN International. *Encuesta mundial anual WIN (WWS – 2020)*. <https://win-mr.com/protect-the-environment-and-fight-climate-change-individuals-responsibility-and-the-role-of-companies-and-governments/>.
48   <https://www.idae.es/index.php/tecnologias/eficiencia-energetica/transformacion-de-la-energia/mapa-de-calor-de-espana>.
49   ADIF. <https://adaptecca.es/sites/default/files/documentos/plccc_publicacion.pdf>.
50   *El Diario de la Educación* (30-10-2020). <https://eldiariodelaeducacion.com/2020/10/30/el-cambio-climatico-una-cuestion-del-presente-que-puede-entrar-en-la-escuela-a-base-de-experiencia/>.

mosca negra, y algo de lo que mucho se comenta, pero poco se hace, con marcadas excepciones, la lucha planificadora constructiva contra las islas de calor de las ciudades; también se habla de que habremos de convivir con sequías y tormentas. Además de las incógnitas de hasta dónde llegarán los destrozos de las playas. Todo un poema pesimista del que la gente no quiere saber nada, menos aún, cuando se acerca el verano.

Como tampoco se atiende a la llamada que hacía este artículo publicado en *Climática. La marea*,[51] que recogía lo escrito en un informe de *Nature Comunications* acerca de la subida el nivel de los mares. Por lo que avanza, en el año 2050 las fresas andaluzas, ahora en litigio sobre el agua que emplean, ya no importarán mucho en Alemania. El mar ocupará todo el territorio marismeño, como el delta del Ebro y amplias zonas del planeta. Atendamos a las previsiones de Aemet (Agencia Estatal de Meteorología)[52] —institución que merece un reconocimiento y no las críticas de los interesados en manipular todo— que asegura que en treinta años viviremos veranos de 50 °C en España. Administraciones y empresas metieron en el frigorífico el Informe de Deloitte de 2016 «Un modelo energético sostenible para España en 2050. Recomendaciones de política energética para la transición», para ver si se enfriaba un poco. Los ciudadanos despistados se escudarán en que «mal de muchos es consuelo propio». Mientras, acuden en masa a comprar aires acondicionados y ventiladores. Los negacionistas políticos se frotarán las manos ante el triunfo de la desinformación que vomitan las redes.

¿Hacia dónde vamos con estos avisos? Antonio Machado, que hace cien años no se dedicaba a estudiar lo del cambio climático, se lamentaba desde Castilla, en la España hoy vaciada, de que el hombre de esos campos que incendiaba sus pinares y como despojo aguardaba su botín de guerra, antaño hubo raído sus negros encinares, talado los robustos robledos de la sierra. Ya entonces veía a sus pobres hijos huyendo de sus lares; la tempestad llevarse los limos de la tierra por los sagrados ríos hacia los anchos mares; y en páramos malditos aquel anónimo resistente trabaja, sufre y

---

51 *Climática* (30-10-2019). <https://climatica.coop/la-subida-del-nivel-del-mar-pondra-en-riesgo-a-mas-de-300-millones-de-personas-en-2050/>.
52 Aemet. *Proyecciones climáticas para el siglo XXI.* <https://www.aemet.es/es/serviciosclimaticos/cambio_climat>.

yerra. ¿Qué poema escribiría ahora sobre el calor? Lo oscurecería aquel poema del romance del prisionero (del amor, pero serviría para el calor), que en su primera parte se podría asimilar a lo sucedido este año:

> Que por mayo era, por mayo,
> cuando hace la calor,
> cuando los trigos encañan
> y están los campos en flor,
> cuando canta la calandria
> y responde el ruiseñor,
> cuando los enamorados
> van a servir al amor;
> sino yo, triste, cuitado,
> que vivo en esta prisión;
> que ni sé cuándo es de día
> ni cuándo las noches son,
> sino por una avecilla
> que me cantaba el albor.
> Matómela un ballestero;
> dele Dios mal galardón.

Volvamos al titular de la entrada. Ya hemos justificado la razón por la que las fresas elaboradas con agua del Guadalquivir y su freático dejarán de ser objeto de deseo. Según se presagia Zaragoza y Toledo se trasladarán al desierto o, al contrario. Claro que las previsiones son las más extremas, pero algo se cumplirá.

Sobre todo, si se repiten mucho los calores de este año 2023 y la falta de lluvias. Además, Cantabria modificará su clima actual por uno similar al Mediterráneo, no es que se vaya a la playa que bien hermosa la tiene ya. Es una posibilidad, quién sabe si probabilidad. Miremos con detalle la proyección de extremos para 2071-2100. Quien esto escribe, no lo verá, pero sus nietos es probable que algo sí, de seguir las emisiones atmosféricas al ritmo actual.

El titular, una hipótesis en este momento, del que hemos extraído la noticia es de *El Orden Mundial* (EOM). No se trata de provocar ansiedades generalizadas, sino de llamar a la esperanza de que no sea cierto, porque se han reducido considerablemente las emisiones debido a las alianzas entre la ciudadanía, los gobiernos, las empresas, etc.; en el mundo entero, en especial en los países ricos más contaminantes.[53]

---

53 A. Gil (2023). «Desiertos en Toledo o el Mediterráneo en Cantabria: así puede cambiar el clima en España si no se frenan las emisiones». *El Orden Mundial* (27/04/2023).

12. Naturaleza sobrepasada

Contiene el aliento. Bien sabe por qué. Todos los años, cuando los calores aprietan llega la desmesura. No importa el día, pero hay unos que tensionan más que otros. Cada año sucede, pero algunos la dejan exhausta. Este casi seguro.

Tanto tiempo con jornadas complicadas en las que las desordenadas temperaturas la confundieron, las exiguas lluvias y los calores le secaron las células y los suelos, los pájaros cantaban a deshora, casi desaparecieron musgos y líquenes, las cigarras canturrearon antes de tiempo y los silencios presagiaban momentos difíciles. Todo el conjunto del ecosistema añoraba la antigua y rítmica lentitud de la vida, como Eduardo Viñuales y Severino Pallaruelo cuentan con afectiva delicadeza y pausas evocadoras.

Pero la nueva época ya está aquí. Con una belleza diferente, entre confundida y desordenada; se viste casi con un poco de pudor por no estar a la altura que se le supone. El calor no cesa, cuesta adaptarse a tamaña sequía. La belleza natural se desdibuja, más expuesta a las visitas. Le cuesta sentirse sublime, le falta algo. Lo nota en que el forastero, más si es ocasional, pone cara de haber perdido la capacidad de asombro. ¿Olvidó el antiguo respeto o no encuentra la serenidad idealizada que sintió con las pasadas llamadas?

No faltan invitados en busca de una idílica estancia. Algunos se encuentran sumidos en una incómoda presencia; algo falta o sobra. Los lugares naturales se desnaturalizan y pasan a convertirse en refugios frente al calor o los ruidos. Los rincones estilo sombrilla están muy transitados. Ahora vende mucho lo bello y los urbanitas huyen de sus ciudades para liberarse de las rutinarias incomodidades. Lo cotidiano es a menudo una tarea de resistencia acumulativa, por eso se busca la naturaleza, más libre. Pero cada vez lo es menos pues crecen los visitantes. Casi hay que instalar pasos de cebra y semáforos en enclaves muy publicitados. Tantas miradas simultáneas trastocaron su primitiva hermosura, tantas pisadas acumuladas por gente que pasa por ahí sin disfrutar de estar allí cambiaron su belleza. Algunos foráneos se buscaban a sí mismos en soledad; a duras penas pueden reconocer los cáno-

<https://elordenmundial.com/mapas-y-graficos/asi-puede-cambiar-clima-espana-si-no-se-frenan-emisiones/>.

nes estéticos o emocionales que los llevaron hasta ese lugar, que era bello y singular —otra parte de afectividad— y dejó de serlo. ¿Perderá valor la defensa sublime, lo que el mundo natural es en sí mismo?

Cunde el concepto entre mucha gente de que la naturaleza es algo así como un museo de lo verde o una pinacoteca; cada cual la interpreta a su modo. Ese escenario multidiverso no es un supermercado de lo bello o sublime. Es cambiante, inabarcable, multiforme, con infinidad de estilos que se complementan o compiten; una construcción singular y siempre transformándose en el espacio tiempo. La naturaleza es arte. Alguien dijo de ella que lo es todo menos naturalista, puesto que en la observación se mezcla la realidad más precisa con la fantasía más insólita de quien la mira; diferente en cada estancia.

Voltaire se empeñó en dialogar con la naturaleza y aprender sus sinfonías. El hombre actual sostiene que todas las interacciones deben acompasarse a su ajetreada vida; máxime en el acelerado verano. Un síntoma de prejuicio sobrepasado. Pero también en invierno, como en Aragón, donde se pretende construir casi autopistas entre estaciones de esquí.

Ahora, el espacio natural se reduce en tamaño, pierde una parte de sus cualidades. El tiempo exprés deja a la intemperie a muchos lugares antes idílicos, sometidos a unos compases que no pueden seguir; el dinero está por medio. Quienes nos sentimos sus deudores vamos a su encuentro, o ella se acerca a nosotros; nunca se sabe bien. Habría que pensar en recíprocas compensaciones. Porque siempre le debemos algo, en gran parte —o como mínimo— respeto.

Llega el verano, tiembla la naturaleza desde el Aneto hasta el sur infinito de las montañas béticas. Desde la Cataluña noreste hasta la Andalucía suroeste, las playas se aglomeran de gente. Las ofuscadas legitimidades antrópicas reducen la naturaleza cada año. Quién sabe cómo se portarán con la naturaleza ibérica los incendios, si resistirán especies a la muerte casi total. De lo que no cabe duda es que sufrirá bastante porque allí donde las llamas no lleguen la consumirán demasiadas personas que ni siquiera encuentran la belleza en dejarla tranquila, en parecidas condiciones en las que la vieron por primera vez. Hace tiempo que la naturaleza, en su dimensión global, se vio sobrepasada por las circunstancias antrópicas, que le hurtaron el ritmo lento de la vida. Le espera un incierto verano. Nos necesitará a todos, también a las administraciones que deben legislar para proteger y vigilar los despistes. Solo en el contexto de una alianza amigable entre ella y los humanos (individual y colectivamente) eliminará o reducirá alguno de sus sobrepasos.

Hasta que el tiempo acuda a nuestro rescate o nosotros recortemos el tiempo de restitución, recitemos algunas de las «odas a elementos de la naturaleza» de Pablo Neruda.

13. La naturaleza fluye y emociona

Hace tiempo que se habla de los destrozos de la intervención humana en la naturaleza. Antaño existía mayor conexión con los paisajes, los ecosistemas y las especies, o menor poder de destrucción. La esencia de la relación emocional ha cambiado por la urbanización y la satisfacción inmediata de los deseos personales.

Pero el paréntesis de la pandemia invitó a (re)pensar que el bienestar humano se acentúa en su contacto con la naturaleza; aunque no se perciba el lugar en su conjunto. Casi todos nos sentimos atraídos por un rincón especial en la España diversa, al cual pertenecemos por proximidad o admiración. Nunca somos olvido pleno porque nuestra mente nos recuerda algún territorio, aunque estemos lejos. Además, fluye el asombro o interés si nos internamos en un paisaje concreto o planeamos una próxima visita. Se restablece un vínculo emocional, antiguo o ahora imaginado. En esa conexión intervendrán, sin duda, la belleza objetiva y el disfrute afectivo; acaso la alegría por el recuerdo de contactos físicos similares o de escapadas en compañía de alguien.

Esa renovación fluida por los sentidos es más probable que se repita con lugares singulares o bellos, pero también en otros menos espectaculares o en pueblos abandonados. En esos momentos, algunos percibimos la emoción que nos recuerda que nuestras vidas se basan en la ecodependencia, como bien sentirían los antiguos lugareños sin definirla como ahora. Solemos valorar mucho más lo esplendoroso, lo grande y lo adornado de vegetación exultante que el territorio árido de las estepas. Al mismo tiempo no lamentamos como deberíamos que las fuentes dejen de manar, que los ríos bajen casi secos por nuestras ciudades o pueblos. Será porque la naturaleza urbana parece que no existe o porque se piensa que el agua corriente no es naturaleza en peligro hasta que deja de manar por nuestros grifos.

Hemos de (r)establecer una forma diferente de estar dentro de la naturaleza. Tenemos la sospecha, en algunos casos empírica, de que existe una clara relación entre la vinculación afectiva con la naturaleza y la construcción personal de actitudes y de una buena parte de los comportamientos proambientales. Pensemos en la respuesta que los lugareños y otras gentes dan a los incendios cercanos. No lamentan solo lo material que pierden con las llamas, sino que se sienten parte de esa naturaleza que los liga a la tierra —incluso sin darle mucha importancia— y en un momento desaparece de su vista. Todos nosotros practicamos naturaleza por acción u omisión; somos sus herederos y lo serán las sucesivas generaciones. Así nos habla David Attenborough, el entusiasta divulgador de la sublime biodiversidad. La naturaleza líquida fluye cuando la ciudadanía se alía en su defensa. Algo similar debió sentir Ramón J. Sender cuando componía sus obras americanas, y amaba aquella tierra tan diferente del fluido paisaje natural y humano que (lo) nos atrapó en *El lugar de un hombre,* pleno de fragilidades.

Por todo lo anterior no deben sorprendernos las acciones de proximidad con la naturaleza mostradas últimamente por la sociedad ecologista o la rural. Es el caso de la naturaleza amenazada por el esquí (la quimera de la nieve en muchos lugares faltos de ella, sumidos en variables inmobiliarias). Por eso, algunos deseamos la reconexión con la montaña, esa emulsión motora que nos una en forma de emoción y afecto. Para que sea esperanza aplicable a otros entornos delicados como la España olvidada y de gente anónima, si queda alguien ahí. Se ve amenazada por energías depredadoras, macrogranjas, vertederos, destrozos en ecosistemas terrestres o ribereños del agua de la vida. La situación es particularmente grave en la España rural interior, allí donde las densidades de población hacen peligrar el inmediato futuro.

Queda la naturaleza identitaria, no siempre sentida como tal. Esa que a algunos nos abre emociones de par en par, incluso más que aquellos hechos históricos que tanto se publicitan y ejercitan. La gente que defiende los siempre frágiles ecosistemas —objeto de deseo mercantil— se apoya en ámbitos sensoriales, intelectuales y afectivos que impregnan la mente cual líquido renovador de esperanzas. Merecen un recuerdo siempre deudor las ONG de defensa de esos territorios, que no tienen abogados. Frente a tantas representaciones históricas que cunden en cada lugar, muchas veces batallas o similares, ¡qué poco resuenan los homenajes ecologistas a la naturaleza o a alguno de sus componentes!

A quienes tengan responsabilidad de gestión les pedimos que miren hacia fuera para entenderse a sí mismos o sus actuaciones; sobre las que la ciudadanía habrá de estar vigilante porque su presente inquieta. Las administraciones deberían retomar la defensa global del medio natural, el cual se ve a menudo como un supermercado de cosas, no escenario de afectos. Disfrutemos con respeto de los santuarios naturales de arte libre, modulados por la interacción del tiempo-espacio, prestados por nuestros abuelos y legados a nuestros nietos. Es un deber colectivo. Como siempre, el tiempo pondrá a cada cual en su sitio; más todavía a quienes permiten ocupaciones de ecosistemas frágiles o venden agua a precio de saldo.

14. Los impactos de las catástrofes naturales: señales de la relación sociedad y territorio

Hoy se cumplen veintisiete años de la tragedia de Biescas (Huesca).[54] Ochenta y siete personas murieron y muchas resultaron heridas en su cuerpo y sentimientos por algo que no debió suceder nunca. También, sus familias vieron truncada su vida. El camping estaba mal ubicado; la naturaleza desbordada se lo llevó por delante. Es libre y, a menudo, nos lo demuestra queriendo recuperar lo que en tiempos fue suyo.

Detrás de los números y porcentajes hay personas. En el camping la gente veraneaba, pero en otros lugares otra gente se ve castigada por el impacto de catástrofes naturales y, principalmente, por la falta de sistemas de prevención, tanto en España como en otros países y territorios concretos. Fijémonos en los mapas de *Statista*,[55] una web que día tras día se preocupa de los habitantes del planeta Tierra, a la vez que nos plantea puntos oscuros.

Sorprenden los números por continentes, con una gran diferencia en Europa, más de la mitad. ¿No será que algunos países ocultan sus datos?

---

54 RTVE. <https://www.rtve.es/noticias/20210806/biescas-25-anos-tragedia-pudo-haberse-evitado/2152841.shtml>.

55 M. F. Melo (2023). «El impacto humano de las catástrofes naturales». *Statista* (11/07/2023). <https://es.statista.com/grafico/30377/cantidad-de-muertes-a-causa-de-catastrofes-naturales/>.

Reproducimos casi textualmente lo que dice la información. Según un informe de *The International Disasters Database* (EM-DAT),[56] el año pasado hubo 387 desastres naturales en todo el mundo que causaron 30 704 muertes y afectaron a 185 millones de personas. Además, las pérdidas económicas fueron de aproximadamente 223 800 millones de dólares. Según el estudio, el total de catástrofes en 2022 es ligeramente superior a la media de 2002 a 2021 (370).

Sorprende la siguiente información. La mayoría de las muertes sucedieron en Europa (53,5 %). El exceso de mortalidad relacionado con las olas de calor en esta región, con aproximadamente 16 305 muertes, representó más de la mitad del total de víctimas mortales mundiales en 2022. Ese año se produjeron, al menos, cinco olas de calor, con temperaturas estivales que alcanzaron los 47 °C. El impacto de las olas de calor en las personas mayores[57] es cada vez más frecuente y se ve reflejado en las cifras analizadas por cualquier organización o administración que busque la verdad.

La EM-DAT es una base de datos mantenida por el Centro de Investigación sobre Epidemiología de las Catástrofes (CRED, por sus siglas en inglés) y contiene información sobre más de 25 000 catástrofes naturales y tecnológicas desde 1900.[58] El CRED define una catástrofe como «un acontecimiento imprevisto y a menudo repentino que causa grandes daños, destrucción y sufrimiento humano; una situación o acontecimiento que desborda la capacidad local y hace necesaria una nacional o internacional de ayuda exterior».

Nos creíamos a salvo de todo en la Gran Europa, pero ya vemos que no es así. Ahora mismo las inundaciones asolan Centroeuropa. ¡Qué decir si supiésemos toda la verdad de lo que sucede en China y otros lugares ocultos! Una y otra vez lo decimos aquí: estamos expuestos a múltiples incertezas; se dice que cada vez más recurrentes y de mayor magnitud. Si

---

56   UC Louvain, CRED, USAID (2023). *2022 Disasters in numbers.* <https://www.cred.be/sites/default/files/2022_EMDAT_report.pdf>.

57   <https://es.statista.com/grafico/29903/riesgo-relativo-de-exceso-de-mortalidad-de-personas-de-85-anos-o-mas-por-olas-de-calor-en-capitales-europeas/>.

58   <https://climate-adapt.eea.europa.eu/es/metadata/portals/em-dat-the-international-disaster-database-year-of-launch>.

alguien que lee esta entrada quiere ampliar datos, no deje de visitar *World Risk Index 2022*[59] del Foro Económico Mundial.

15. Calor sin reverso, la queja de los indolentes

Indolente es una palabra traicionera, si semejante distintivo se merecen algunas palabras. También calor podría situarse en ese imaginario grupo. Indolente sirve tanto para el anverso como para el reverso de la vida. Alguien indolente es quien no se afecta o conmueve, simplemente disfruta o sufre. Acaso quien padece flojera o pereza. Se diría que casi no siente el dolor, en este caso procurado por el calor, aunque no llegue a dañar al cuerpo, sino a molestar o agobiar tanto al cuerpo como al espíritu. Esto en el plano individual. En el contexto de la crisis climática abunda esta tendencia ambivalente.

Calor es una magnitud que se mide en calorías, pero también una sensación más o menos subjetiva. Está el calor específico —cantidad de calor que por unidad de masa necesita una sustancia para que su temperatura aumente un grado Celsius—, el calor canicular —un calor excesivo y sofocante—, además de calores como el específico, el latente, y otros que no vamos a considerar aquí. Visítese el diccionario de la RAE y lo sentirán mejor.

Desde hace un tiempo se habla mucho en todo el mundo de las olas de calor —superación de los umbrales durante una serie de días seguidos—. Si prestan atención el calor sofoca informativos, tertulias, anuncios, recomendaciones de sanidad, ocurrencias de las redes sociales y, cómo no, conversaciones entre conocidos y familiares. Incluso se habla de calor 2023 y se compara con el del año 2022, que por aquí fue exagerado. Lo peor es que las multiconexiones televisivas o radiofónicas con alcachofa en mano solo hablan, en forma de anécdota, de la temperatura en un momento en una ciudad, que recogen las opiniones de ciudadanos acalorados. Nada se dice, o poco, de que las abundantes repeticiones de fenómenos meteoroló-

---

59   *World Economic Forum* (2023). <https://www.weforum.org/reports/global-risks-report-2023?gclid=CjwKCAjw5remBhBiEiwAxL2M93VOUvPE3Fwk-49dX8B2935aZG5JSyZV42ziYh9IJbVa6BuYQOqePWhoCp18QAvD_BwE>.

gicos año tras año, en muchos sitios, nos alertan de que el clima está cambiando. Así no hay manera de hacer cultura climática. Y lo peor es que el cambio climático es que quede sepultado por las anécdotas.

Todo esto ya es bastante criticable. Pero, además se añaden los consejos sabidos por todos: la atención especial a niños por ser un riesgo para su salud, y la acertada regulación del horario de trabajo en estas situaciones y sus consecuencias en trabajadores y trabajadoras son el anverso del calor en cuatro pinceladas.

En el reverso permanecen las personas, y particularmente, quienes las gobiernan, que miran el calor desde lejos, por más que lo sufran. No se afectan ni conmueven. Al contrario que la gente hípersensible que se aproxima a la ecoansiedad, que les acrecientan periodistas chillones con imágenes pavorosas, que además confunden tiempo con clima.

Démosle la vuelta a la moneda y veremos que detrás del calor, o como causa de este, están los ciclos más o menos repetidos; estamos en verano. También se podría decir en las entrevistas anecdóticas que la influencia antrópica demostrada —incluidos los desplazamientos en masa en coche o avión, el uso de combustibles fósiles que no cesa— es responsable de la sobredimensión de las variables climáticas. Miremos el cambio climático en el aumento de la temperatura del aire y del agua, la duración y repetición de episodios críticos más o menos cortos, las islas de calor urbanas, la duración de los hielos permanentes, la reducción en la captación del dióxido de carbono de las plantas por la pérdida de masas forestales enormes, etc. El olvido de todo esto es síntoma de pereza, es un anuncio de lo que se puede esconder en el reverso de la moneda, como la desviación multidimensional de la corriente termohalina oceánica, a punto de colapsar según opina gente de ciencia. Seamos continuadores de la investigación científica de A. Lavoisier y P. S. Laplace, al menos leamos el artículo que habla de la historia del concepto «calor»[60].

---

60 L. J. Picos *et al.* (2022). «Historia del concepto calor». *Latin-American Journal of Physics Education*, vol. 16, núm. 3, 2022. <https://dialnet.unirioja.es/servlet/articulo?codigo=8604467>

Aumentan las sequías, falta agua y se decretan restricciones hasta para el abastecimiento humano, los manantiales se secan, los humedales se convierten en eriales, se baten récords de temperatura cada mes, año tras año y ahí se queda la noticia, etc. Todo esto también está en el anverso de la vida indolente, despreocupada, perezosa. Cada cual debe darle vuelta a su moneda/vida. Una lectura de los pactos de los partidos que nos quieren gobernar nos avisa de que no tienen ni idea de la crisis climática o no la quieren ver. ¡Al César lo que es del César!

Un recuerdo especialmente crítico para los negacionistas indolentes —a punto de gobernar nuestras vidas— que ven el aumento de los episodios críticos como una película de ficción. Se justifican así: siempre ha habido temporadas de calor y frío. Sí, pero no como ahora. Echémosle un vistazo al gráfico del Programa Copernicus[61] de la UE, que para nada es ecologista crítico. El calor indolente es el anverso de los... (pongámosle el calificativo plural que se quiera). O valdría reflexionar en profundidad sobre aquello de Fernando Pessoa: el hombre es un egoísmo mitigado por una indolencia.

16. Los límites del crecimiento global. Antecedentes

En la historia pasada también hubo límites, pero no se llamaban así. El asunto del crecimiento viene de lejos, por eso hay que escribir mucho sobre él. En este artículo vamos a tratar unas líneas generales hasta llegar al momento actual; acaso aventurar un futuro, que desarrollaremos en el siguiente. Simplificando mucho, digamos que hasta el Neolítico la vida la marcaban las disponibilidades de la naturaleza, a veces dadivosa y muy tacaña en otras circunstancias. Los humanos eran pocos. Cuando crecían en número, y no en alimento disponible, emigraban o buscaban recursos donde fuese; a veces colapsaba todo el grupo y de él nada más se supo.

Pronto, apenas comenzado el Neolítico, el crecimiento (económico) —tener más y mejores recursos y organización productiva— se convirtió en una esperanza generalizada en los escenarios dispersos. Quedó como uno de

---

61 <https://www.copernicus.eu/es>.

los deseos universales, tanto a escala particular como social y colectiva. Seguro que allá por el Oriente Medio ya se peleaban hace unos 10 000 años por atesorar cosas, o si se quiere por evitar el naufragio alimentario. También por tener a buen recaudo lo que por entonces considerasen riquezas.

Cada época histórica ampliaba las ansias de crecimiento de la anterior. Qué decir de los griegos y romanos, que pelearon lo indecible para ser más poderosos. Se colapsaron los romanos como habían hecho antes los griegos. Un punto y aparte en la cultura occidental.

Llegó y fue pasando la incomprendida Edad Media. Poseer también era un arma de guerra, pues las provocaba por cualquier motivo. Cuando empezaron a escasear productos o surgieron otras apetencias, los occidentales se lanzaron —por tierra y mar— hacia lugares desconocidos para tener más. El Mediterráneo parecía en tiempos remotos un bazar con barcos fenicios y después genoveses llenos de tesoros, ¡qué decir de los piratas! Marco Polo y la Ruta de la Seda casi fue una anécdota comparada con las ansias de riqueza de los descubrimientos/colonizaciones de españoles, portugueses, ingleses o de las compañías holandesas. De nuevo, se cumplía el axioma: los ricos ambicionan más y más riqueza, no quieren límites al crecimiento, aunque de esta forma aumenten la nómina de gente pobre, fuera de su país e incluso dentro.

Un salto considerable se había operado: del trueque al comercio con sus normas mercantiles. Continentes explotados sin misericordia durante cientos de años: América del Sur, la maltratada África, amplias zonas de Asia, etc. El comercio mundial, siempre a favor de los ricos, consolidaba ya una parte de los flujos y estructura que tiene hoy. Al crecimiento lo llamaban desarrollo, sin límites para los poderosos claro. Alain Touraine[62] se preguntaba si era lo mismo 'modernización social' que 'desarrollo'. Añadía el importante papel de las democracias bien gestionadas en el desarrollo endógeno. Porque, de lo contrario, los pobres seguirán expectantes, pero recibirán apenas las migajas. Límites por abajo, pero poco por arriba. Los poderes de distinto signo pensaban solamente en sus patrimonios.

---

62   A. Touraine. *Documentos de estudio. ¿Modernización o desarrollo?* Centro de estudios de Gobierno (Cegob). Universidad Católica Argentina. <https://wadmin.uca.edu.ar/public/ckeditor/Campus%20Rosario/CEGOB/Modernizaci%C3%B3n%20o%20desarrollo%20-%20Alain%20Touraine.pdf>.

Había pobres y sigue habiendo pobres, hasta en los lugares ricos. Sirva como ejemplo el informe de EAPN (European Anti Poverty Network) *El estado de la pobreza 2023,*[63] que sostiene una reducción en los principales indicadores de desigualdad (tasa de riesgo de pobreza, carencia material y social severa, baja intensidad de empleo), pero mantiene que queda bastante por hacer.

La cosa mercantil seguía a lo largo de los siglos y las monarquías europeas se lanzaban a poseer y hacer ostentación de sus poderes. Los ecos de la revolución industrial que comenzó a finales del XVIII todavía resuenan. Ampliaron el comercio y se armó una red mundial de relaciones a favor de unos y en contra de otros. Los siglos XIX y XX trajeron depredaciones masivas de los países ricos en detrimento de los países pobres. Ciertas religiones no hicieron sino perpetuar las miserias de aquellas castas que, parecido a los ilotas griegos, eran algo así como la escoria social, tremenda afirmación que necesitaría mayor explicación. Sin duda, la sociología de la acción de Touraine merece una atenta lectura, como nos recomendó Cristina Monge en este artículo con motivo del fallecimiento del pensador francés.[64]

El resultado es que ahora somos muchos y solo alimentar a todos es una tarea muy compleja. Cuando Donella Meadows (1972) coordinaba una prospección del futuro en *Los límites del crecimiento,* aquí un extracto,[65] tuvo escasa escucha. Las naciones se encontraban en plena tarea de hacer crecer la actividad económica para incrementar su PIB. De paso, se supone que daban satisfacción a las demandas que los aumentos de población exigían, o del anhelado y publicitado confort que equivalía a consumir más. Durante mucho tiempo dominaba aquello que se publicitaba del PIB per cápita (una media maquillada con muchos ámbitos distantes y traidora con las desigualdades). Da a entender lo que correspondería a cada uno en la división global, pero todos sabemos que entre unos pocos ricos —personas o instituciones privadas— atesoran tanto como el resto de la población. El entramado capitalista no debía de sentir vergüenza, pues la máxima global se podría resumir en «producir más y más para vivir mejor».

---

63   EAPN (2023). *El estado de la pobreza 2023. Primer avance de resultados.* <https://www.eapn.es/estadodepobreza/ARCHIVO/documentos/avance-resultados-abril-2023.pdf>.
64   C. Monge. «Alain Touraine, el sociólogo de la acción». *El País* (11/06/2023). <https://elpais.com/cultura/2023-06-11/alain-touraine-el-sociologo-de-la-accion.html>.
65   <http://habitat.aq.upm.es/gi/mve/daee/tmzapiain.pdf>.

Los alientos del Banco Mundial y las sedes bursátiles sostenían el crecimiento, de algunos, sin límites. Parece un poco más acertado hablar del IDH (Índice de Desarrollo Humano), que valora otras cuestiones sociales (esperanza de vida al nacer, nivel de educación e ingreso per cápita en términos de paridad del nivel adquisitivo) aparte de la mera cuestión de dineros y producciones. Pero ni aun por esas nos acercamos a la realidad. En *UN-iLibrary*[66] se puede ver la evolución del asunto y descargar los informes hasta el año 2021. El periódico *Expansión* trae aspectos para una lectura más completa y se pueden consultar datos por países.[67] Hay que leer el Informe de Desarrollo Humano 2021-2022, intervalo balanceado todavía más por la COVID-19. Elaborado por EAPN, muestra un título explicativo de lo que viene detrás: *Tiempos inciertos, vidas inestables: Configurar nuestro futuro en un mundo en transformación.*[68] Se tiene una idea más acertada cuando se lleva a cabo una interpretación conjunta que apela a los índices GINI[69] o Arope.[70]

17. Límites actuales del crecimiento. Tiempos nuevos, con antiguas inercias que ensombrecen el futuro

En el artículo anterior hemos comentado que la globalización ya merodeaba para bien de unas personas y desgracia de otras. Por aquellos años irrumpió con fuerza de la mano de políticas liberales que pregonaban a los cuatro vientos la señora Margaret Thatcher y el señor Ronald Reagan entre otros, con muchos seguidores en todos países —España incluida—.

66　UN. Informes anuales sobre desarrollo humano. <https://www.un-ilibrary.org/content/periodicals/24123137>.

67　Expansión. Datos macro. <https://datosmacro.expansion.com/paises/grupos/naciones-unidas>.

68　PNUD. Tiempos inciertos, vidas inestables. <https://report.hdr.undp.org/es/part-1/>.

69　<https://datosmacro.expansion.com/demografia/indice-gini>.

70　INE (Instituto Nacional de Estadística). *Encuesta de Condiciones de Vida (ECV). Año 2023. Resultados definitivos.* <https://www.ine.es/dyngs/Prensa/ECV2023.htm#:~:text=La%20tasa%20AROPE%20%E2%80%93porcentaje%20de,baja%20intensidad%20en%20el%20empleo>.

Estas ideas de beneficio-riesgo de quienes tienen el dinero o gobiernan las bolsas transformaron todo el sistema de producción y consumo hasta la más recóndita aldea africana.[71]

La sencilla e incompleta síntesis que hacemos aquí no puede olvidar el llamado estado de bienestar, una idea mental que a nadie disgustaba. Pero las cosas —las relaciones comerciales vía grandes empresas, estado o cultura ciudadana— han cambiado aquellos paradigmas poco consistentes, según ha demostrado la experiencia.

Por entonces, el filósofo Z. Bauman ya advirtió de que el crecimiento solo hace más ricos a los ricos. Como dice Y. Noah Harari en *Sapiens* a propósito del largo paso de animales a dioses, «nuestro planeta, antaño verde y azul, se está convirtiendo en un centro comercial de hormigón y plástico». A lo que por mi parte añadiría: el problema del crecimiento, de sus consecuencias y límites, es que el foco de la existencia global está en poseer y producir más y mejor, no en las personas. El buen vivir[72] de las personas en su conjunto del que hablaba el expresidente uruguayo José Mújica no es una variable que se considere en primer lugar en los planes de crecimiento. Por eso las personas son las grandes perjudicadas cuando se sobrepasan los límites.

Bankinter publicaba recientemente (agosto de 2023) que según el informe *Global wealth distribution* de Credit Suisse & UBS, aquellos que tienen más de un millón de dólares (unos 915 800 euros) forman parte del 1 % más rico del planeta. El artículo publicado el 19 de agosto de 2023 sobre reparto de la riqueza en el mundo[73] no tiene desperdicio.

La ONU, con buena voluntad, pero escaso seguimiento de los países hasta ahora, animaba con su formulación de los ODM (Objetivos de Desarrollo del Milenio) a poner la mirada en el desarrollo de los países pobres. En principio, todo estaba pensado para acabar con la pobreza y bene-

---

71 E. Massó (2013). «África, la globalización y la crisis: ¿Naciones, etnias, democracias...?». *Revista de Antropología experimental, núm.* 13, 2013. <http://revista.ujaen.es/huesped/rae/articulos2013/15masso13.pdf >.

72 <https://www.youtube.com/watch?v=U_NBknvVU7Y>.

73 <https://www.bankinter.com/blog/economia/reparto-riqueza-mundial>.

ficiar a los más pobres. En este enlace,[74] el análisis de logros que hacía la OMS (Organización Mundial de la Salud) en 2018. Las circunstancias vitales de muchas personas habían mejorado algo, pero no lo suficientemente ante los nuevos problemas que surgían, que crecían exponencialmente. Sería por eso que, desde la ONU, se impulsaron los ODS (Objetivos de Desarrollo Sostenible). Buscaban la igualdad para todas las personas del planeta; algo bastante atrevido. Será por eso que están resultado disímiles en su logro de indicadores. Atención especial al núm. 8,[75] que propone textualmente: «Promover el crecimiento económico inclusivo y sostenible, el empleo y el trabajo decente para todos». Su logro global mejoraría muchos vectores sociales.

Cuando se cumplían cincuenta años de *Los límites del crecimiento* de D. Meadows y otros, año 2022, se conocieron varios análisis y balances sobre el periodo anterior. Merece la pena leer un artículo de *Deia*[76] y otro de *Climática. La marea*. Este con el elocuente título de «Los límites del crecimiento: 50 años avisando».[77]

Además de la complejidad económico-social en estos primeros años del milenio, la aparición de los fondos de inversión —depredadores de la economía global y poco dados a considerar los límites al crecimiento— trastocó las relaciones comerciales. De hecho, por poner solo un ejemplo, entre cinco compañías-fondos controlan el 90 % de las grandes marcas líderes del comercio mundial alimentario. O como recogía *Heraldo de Aragón* (10-9-23) de forma ilustrativa: El camino silencioso de los petrodólares para controlar las joyas de la corona.[78] No debe extrañarnos que Z. Bauman comentase en una entrevista, realizada hace ya diez años, que vivimos en un mundo como de alquiler. Quienes detentan la riqueza, generadores de buena parte del crecimiento desaforado hasta llegar a los lí-

---

74 <https://www.who.int/es/news-room/fact-sheets/detail/millennium-development-goals-(mdgs)>.

75 <https://www.un.org/sustainabledevelopment/es/economic-growth/>.

76 J. Rekondo (2022). «Los límites al crecimiento 50 años después». *Deia* (8/07/2022). <https://www.deia.eus/opinion/tribuna-abierta/2022/07/08/limites-crecimiento-50-anos-despues-5789319.html>.

77 <https://climatica.coop/los-limites-crecimiento-50-anos-avisando/>.

78 <https://www.heraldo.es/noticias/economia/2023/09/10/camino-silencioso-petrodolares-controlar-joyas-corona-1676852.html>.

mites que atenazan nuestras vidas, les pasan sus efectos perniciosos a los pobres, que tienen menos parte de culpa.

Los límites del crecimiento vistos desde la investigación sobre la realidad. ¿Preludio del colapso?

Hay señales de que las cosas del socioambiente no marchan como todos desearíamos. Muchos trabajos de investigación corroboran el presente y nos invitan a prever el futuro. Vienen publicándose algunos riesgos del medio ambiente. La web *20minutos* recogía recientemente que se había concluido el primer estudio sobre los límites del planeta, que advierte que «la Tierra está en peligro»[79]. Como resultado de esa preocupación de la ciencia, naciones y organismos internacionales se establecieron en 2019 nueve límites —entendiéndose por *límites* «todo aquello susceptible de empeorar bastante una situación particular o global»—. Ahora mismo son considerados determinantes de la vida global: sustancias químicas artificiales y persistentes; capa de ozono; aerosoles atmosféricos; acidificación oceánica; flujos biogeoquímicos; cambios en el agua dulce; cambios en el uso de la tierra; biodiversidad; cambio climático.

Estos límites comprenden, a veces, ámbitos diferenciados, pero sin duda interrelacionados. Según las referencias consultadas, en 2009 solamente tres límites aparecían superados más o menos totalmente y con mayor o menor intensidad. En 2015 eran cuatro y había aumentado la intensidad de los señalados. En 2022 eran 5 y 6 en 2023. Así pues, la situación global del planeta había superado el umbral de lo permitido para vivir mucho tiempo en buenas condiciones. Advertía Diego Ferraz-Castiñeiras en su espacio Twitter que superar un límite no equivale a que se operen cambios drásticos de hoy para mañana. Sin embargo, señalaba que ese umbral crítico puede traer consecuencias nefastas para las personas y los ecosistemas. Nos aportaba para la reflexión una frase/prevención de Johan Rockström,[80] profesor entonces del Stockholm Resilence Centre de la Stockholm University que dice así: «No sabemos cuánto tiempo

---

79   <https://www.20minutos.es/noticia/5133556/0/estudio-limites-planeta-tierra-peligro/>.
80   <https://www.stockholmresilience.org/meet-our-team/staff/2008-01-16-rockstrom.html>.

podremos transgredir estos límites clave antes de que las presiones combinadas conduzcan a cambios irreversibles».

Frente a la desmesura que puede llevarnos al colapso, algunos como Serge Latouche apuestan por el decrecimiento. No tiene desperdicio la entrevista que le realizó la Fuhem[81] en 2009 a raíz de la publicación de su *Pequeño tratado del decrecimiento sereno*. Este filósofo y economista francés ya había publicado en 2008 *La apuesta por el decrecimiento. ¿Cómo salir del imaginario dominante?* Reclama la liberación de la sociedad occidental de la dimensión universal de la economía. Critica, entre otras cosas, el concepto de desarrollo y las nociones de racionalidad y eficiencia económica. El proyecto del decrecimiento del que habla Latouche mantiene una doble filiación. Procede, por un lado, de la toma de conciencia de la crisis ecológica y, por el otro, del hilo de la crítica a la tecnología y al desarrollo. Pero cuidado, cada una de sus raíces cuenta con una larga trayectoria en la historia de la humanidad y sus economías circulantes. Propone reflexionar sobre su afirmación de que la sociedad de la economía del crecimiento y del bienestar no origina una mayor felicidad al mayor número de personas. Es imposible porque se fundamenta en la preeminencia de la caducidad. Esta se entiende tanto para las mercancías —usar y tirar cada vez más y antes, lo que aumenta rápidamente los desperdicios— como para las personas —excluidas o sufridoras de abusos y despidos—. Esta enfermedad social se visibiliza en particular en los parados, desahuciados, indigentes, migrantes y otros residuos sociales. Fuhem propone una nueva redefinición de las «tres erres» y su cambio por un proyecto político de la utopía concreta del decrecimiento, apoyado en las ocho erres: reevaluar, reconceptualizar, reestructurar, relocalizar, redistribuir, reducir, reutilizar y reciclar. Con toda probabilidad, la actuación continuada en esta dirección rebajaría considerablemente más de uno de los nueve límites antes mencionados.

Para la gente de *Economía solidaria*,[82] hay muchas razones para decrecer. Proporcionan varias opiniones de S. Latouche, H. Daly y J. Martínez Alier para apoyar sus tesis. Sin embargo, Paul Krugman señalaba en un

---

81 <https://www.fuhem.es/papeles_articulo/decrecimiento-o-barbarie-entrevista-a-serge-latouche/>.
82 <https://www.economiasolidaria.org/recursos/biblioteca-decrecimiento-vayamos-menos/>.

artículo en *The New York Times:* ¿Decrecimiento? No gracias. Es posible crecer económica y ecológicamente. No debemos perdernos «Los ricos están más locos que tú y yo».[83] Allí, da un consejo para entender esto de los límites: el truco para saber si la sabiduría convencional y la opinión de los expertos están en lo correcto consiste en mantener el equilibrio entre un escepticismo excesivo y una credulidad intensiva.

Para entender este último postulado necesitamos conocer lo que opinan los críticos contra la sostenibilidad impostada. Andreu Escrivà escribía *Contra la sostenibilidad* (Arpa, 2023), opción vital que, sin nombrarla, está detrás de este artículo.[84] Antes había publicado *Y ahora qué hago. Cómo evitar la culpa climática y pasar a la acción.* Cualquiera puede suponer que, si quienes saben de esto de los límites del crecimiento dudan, cómo no van a cuestionarlo aquellas personas que están recibiendo constantemente invitaciones para el consumo. Cómo no citar aquí un interesante artículo[85] de Joaquín Estefanía en *El País* sobre uno de los grandes pensadores de la Economía global y la cuestión de los límites al crecimiento. Se titulaba de una forma relacionada con las inseguridades a las que antes hemos aludido: Las tesis de Piketty convencen, pero la desigualdad sigue venciendo. Añadía el autor que su obra capital ha cambiado las ideas dominantes, pero la voluntad política continúa estancada. Quizás necesita tiempo, pero cada vez queda menos para que los límites del crecimiento paren los calendarios y relojes.

Pero, mira por dónde, la Unión Europea acaba de aprobar, a propuesta de la presidencia española, la nueva normativa Euro 7 de emisiones de coches, lo cual supone una prórroga de los compromisos anteriores. Cuando los límites por las emisiones de carbono están en creciente riesgo, y nada o casi nada se dice del aumento de los óxidos de nitrógeno. Desanima un

---

83 P. Krugman. «Los ricos están más locos que tú y que yo». *El Espectador* (8/07/2023). <https://www.elespectador.com/opinion/columnistas/paul-krugman/los-ricos-estan-mas-locos-que-tu-y-yo/>.

84 P. Rivas y Andreu Escrivà: «La economía circular es físicamente imposible». *El Salto* (16/03/2023). <https://www.elsaltodiario.com/cambio-climatico/andreu-escriva-economia-circular-fisicamente-imposible>.

85 J. Estefanía. «Las tesis de Piketty convencen, pero la desigualdad sigue venciendo». *El País* (30/04/2023). <https://elpais.com/ideas/2023-04-30/las-tesis-de-piketty-convencen-pero-la-desigualdad-sigue-venciendo.html?event_log=oklogin>.

poco leer los titulares de un artículo firmado por Daniele Graso[86] en el que explica que las empresas más contaminantes han conseguido más de un billón de euros en los mercados tras el acuerdo de París. Es más, parece que la investigación *The Great Green Investment Investigation*,[87] promovida por *El País* junto con *The Guardian* y *Le Monde,* ha concluido que «más de 400 bancos siguen contribuyendo a financiar la emisión de bonos para los nuevos proyectos de compañías de gas, carbón y petróleo tras el pacto para mitigar los efectos del cambio climático». Por lo que parece, todo contribuye a que el silencio sobre el cambio climático se haga ensordecedor, al menos como tema comunicativo, acaso formativo; tal como denunciaban hace años Heras, Gutiérrez y Benayas.[88] Además, ahora mismo se comenta que la UE encara una relajación sin precedentes[89] en la normativa ambiental. Por eso la Agenda 2030 parece gripada según ISGlobal.[90]

Reflexionemos también sobre lo que afirmaba la profesora Katherine Richardson, de la Universidad de Copenhague, implicada en el estudio publicado en la revista *Science Advances:*[91] «Sabemos con certeza que la humanidad puede prosperar en las condiciones que han existido aquí durante 10 000 años. No sabemos si podemos prosperar bajo alteraciones importantes y dramáticas». Debemos conocer más y darnos prisa, pues «los impactos humanos en el sistema terrestre en su conjunto están aumentando mientras escribimos esto». No se trata de manifestar si somos negacionistas, retardistas o activistas ante la apreciación de los límites planetarios. Se invita a mirarnos en el espejo del mundo.

---

86   *El País* (26/09/2023). <https://elpais.com/clima-y-medio-ambiente/2023-09-26/las-empresas-mas-contaminantes-han-conseguido-mas-de-un-billon-de-euros-en-los-mercados-tras-el-acuerdo-de-paris.html?ssm=TW_CC>.

87   <https://www.ftm.eu/fossil-finance>.

88   T. Heras, P. Á. Meira y J. Benayas (2016). «Un silencio ensordecedor. El declive del cambio climático como tema comunicativo en España 2008-2012». *Redes.com: revista de estudios para el desarrollo social de la Comunicación* (13), 31-56.

89   *Quercus* (30-09-2023). <https://www.revistaquercus.es/noticia/8609/denuncias/la-ue-encara-una-relajacion-sin-precedentes-de-la-normativa-ambiental.html>.

90   *La Agenda gripada. Por qué España y el resto del mundo se la juegan en el éxito de los Objetivos de Desarrollo Sostenible.* Documento de análisis de ISGlobal. Septiembre 2023. <https://www.isglobal.org/es/-/la-agenda-gripada>.

91   *Science Advances*, 13 sept. 2023, vol. 9, núm. 37, <https://www.science.org/doi/10.1126/sciadv.adh2458>.

Aquí algunos hilos para profundizar en el asunto. Porque la Tierra se ha colocado fuera del espacio vital, casi seguro para mucha gente que ya ha colapsado o está a punto de hacerlo. Por eso, algunos como C. J. González Serrano[92] apuestan por recuperar el tiempo de la vida. En este momento, «en esta sociedad hiperproductiva, todas las actividades han quedado supeditadas a los estándares de la productividad». En *Comunidad por el Clima*[93] hay noticias y opiniones más completas. En los gráficos de ese enlace se puede apreciar la evolución de los límites al crecimiento. En algunos casos la progresión hacia el peligro ha sido muy grande. Está a punto de estallar.

En cualquier caso, a pesar de que muchas cosas no van bien, el investigador de la Ciencia de la vida Fernando Valladares, del CSIC, nos anima a que aprovechemos estos momentos de crisis o desánimos para «recivilizarnos».[94] Aquí otra entrada que postula la esperanza como acción.[95] La salud global de la humanidad bien lo merece; el planeta nos lo agradecerá.

18. Hierve la caldera de Pedro Botero

Hoy hace justo diez años, un 8 de octubre de 2013 tras la divulgación de un informe del IPCC, publicamos en *Ecos de Celtiberia* «La caldera de Pedro Botero»[96]. Tal cual la reproducimos a continuación, con pequeñas actualizaciones. Decía así:

Durante mucho tiempo se ha discutido si el infierno era una metáfora o un lugar. Frente a los descreídos que negaban toda posibilidad, los más ortodoxos de varias confesiones religiosas defendían su existencia. Creían estos que allí se enviaba a quienes transgredían las normas morales

---

92 *Ethic 27*, octubre 2022. <https://ethic.es/2022/10/recuperar-el-tiempo-de-la-vida/>.

93 <https://porelclima.org/actualidad/comunidad/5667-6-de-los-9-limites-planetarios-superados-a-que-esperamos-para-actuar>.

94 <https://www.youtube.com/watch?v=PcLHkcZvHiQ>.

95 A. País (2021). «Medio ambiente: cuáles son los 9 límites que mantienen a la Tierra en equilibrio (y qué riesgos corremos por haber pasado 4)». BBC News Mundo. (8/11/2021). <https://www.bbc.com/mundo/noticias-58954923>.

96 <http://www.ecosdeceltiberia.es/?page_id=823>.

impuestas. En uno de esos lugares subterráneos mandaba un jefe riguroso llamado Pedro Botero. Allí abajo, cocinaba en una inmensa olla a los pecadores. Esa metáfora o lugar pasó de la creencia religiosa a la literatura; Dante Alighieri la describió como nadie. También la idea cobró presencia en la pintura románica, donde el diablo Pedro Botero se hacía omnipresente en forma de llamaradas y castigos. Podrían ser como los que hemos sufrido este verano o aquellos que maltrataron a la gente del Atlas marroquí o quemaron la ciudad libia de Derna.

Cuando los científicos y los ecologistas empezaron a hablar del calentamiento global, poca gente los creyó. Lo que contaban se veía como algo raro, que sucedía en lugares alejados y no nos afectaba, aunque se conociesen ya deterioros ambientales próximos. Con los años, lo que parecía una metáfora se hace visible en el espacio/tiempo Tierra, un lugar grande y complejo en el que hasta los incrédulos notan dinámicas atmosféricas errantes. Acaba de conocerse el último informe del Grupo Intergubernamental sobre Cambio Climático de la ONU (IPCC), en el que han colaborado varios centenares de expertos de treinta y nueve países. Como la gente de ciencia tiende a ser prevenida y algo timorata, quizá en parte por las críticas que han recibido, se guían por certezas y huyen de las conjeturas.

Aun así, les dicen ahora a los representantes políticos, principales destinatarios de su informe, que «es extremadamente probable (95 %) que la influencia humana haya sido la causa dominante del calentamiento atmosférico observado desde mediados del siglo xx». Dicen que el aumento de temperatura es inequívoco (pues, se ha mantenido en las tres últimas décadas), que el nivel del mar ha subido 20 centímetros en cien años, y aventuran que se podría triplicar este aumento de aquí a finales del siglo. Alertan de que si llegase a desaparecer el hielo en Groenlandia se reducirían mucho las superficies emergidas de continentes e islas por todo el mundo. Recuerdan que se vierten diariamente casi 100 millones de toneladas de gases peligrosos a la atmósfera, como si fuese una cloaca abierta que todo lo engulle. Les apremian a que actúen rápido, porque la diferencia entre este infierno climático y los precedentes sufridos por la Tierra es que las actuales turbulencias suceden a una velocidad mil veces superior. Ahora mismo sus previsiones son más alarmantes. Según un artículo publicado en *Scientific American*,[97] la mitad de la población mundial enfrentó calor extremo durante, al menos, treinta días este verano.

Se constatan boicoteos de diversos parlamentos y gobiernos a tomar medidas contundentes para limitar el cambio climático. Se dice, se demuestra ya, que detrás están grandes multinacionales que ven peligrar sus réditos económicos. El más cacareado es el conflicto norteamericano entre demócratas y republicanos, pero el esquema se repite en Europa (negacionistas junto con retardistas frente a los creyentes y colapsistas) y en España (entre derechas e izquierdas). Cada vez que surge un episodio ambiental severo, una noticia impactante que recogen los periódicos, aparecen contrainformes que lo desmienten —ahora mismo las redes difunden que las desgracias materiales, como los destrozos que la DANA descargó por Madrid y Toledo, fueron provocadas por desembalses—. Nada dicen de las que llegaron a muchos pueblos de España. Se asegura estos días que un gran grupo mediático internacional, experto en la manipulación y sentenciado por ello, está detrás de las negaciones del infierno climático. El «verdadero-falso» no hace sino distraernos de la toma de soluciones globales. Lo peor de todo es que cuanto más tarde se actúe, más grande será el problema por resolver, y más difícil y costoso conseguirlo. Podemos encontrarnos en un punto de no retorno. En octubre de 2023 tras la guerra de Ucrania y los anunciados boicoteos al gas ruso se consume más combustible que nunca. ¿Hacia dónde vamos?

Para hacer entender a los jóvenes alumnos lo del cambio climático empleamos la «metáfora de la rana hervida», de Olivier Clerc. Dice esta especie de fábula, que podrían haber firmado Iriarte o Samaniego, que una rana disfrutaba nadando en una olla sin saber que el recipiente estaba sobre el fuego. Poco a poco, la temperatura del agua subía, lo que provocaba placer al anfibio. Cuando se calentó demasiado, la ranita ya no tuvo fuerzas para salir y murió. Si hubiera notado de pronto el agua caliente, hubiera huido de un salto. A nosotros nos puede suceder lo mismo: un cambio lento no nos impresiona, así es muy probable que escape a la conciencia.

97 A. Thompson (2023). «La mitad de la población mundial enfrentó calor extremo durante al menos 30 días este verano». *Scientific American* (7/09/2023). <https://www.scientificamerican.com/article/half-the-worlds-population-faced-extreme-heat-for-at-least-30-days-this-summer/?utm_source=newsletter&utm_medium=email&utm_campaign=earth&utm_content=link&utm_term=2023-09-13_featured-this-week>.

Se han celebrado varias cumbres climáticas, se han concertado alianzas en torno a los Objetivos de Desarrollo Sostenible, pero nada o poco ha cambiado. Lo advierte con claridad en 2023 Antonio Guterres, secretario general de la ONU: la era del calentamiento global ha terminado, ahora es el momento de la era de la ebullición global. Pronunciaba esta frase después de conocerse que, a nivel global, julio ha sido el mes más caluroso de la historia; se vería superado después. Cuando la situación sea irreversible, no sabremos cómo salir de la marmita humeante del infierno que puede ser la Tierra. No entendimos la metáfora y entre todos la estamos convirtiendo en lugar y tiempo vividos. Afirmar lo anterior no es pecar de colapsista. Es simplemente una hipótesis teniendo en cuenta muchas variables. Dicho con las palabras de Antonio Guterres en la ONU:[98] la humanidad ha abierto las puertas del infierno. ¿Seguirá allí Pedro Botero?

19. La COP28 y la salud

Hay gente de ciencia cuyas ideas e investigaciones dejan una huella valiosa en la cultura universal; por más que esta, siempre ingrata, lo olvida enseguida. Es el caso de Carl Sagan, científico y divulgador estadounidense fallecido en un diciembre de hace 27 años.

Se asomó a nuestros televisores en la serie Cosmos y nos descubrió un universo al alcance de nuestra comprensión. Pero merece ser recordado por algo más. Fue un observador crítico del comportamiento humano, de ese que se empeña en tratar a la Tierra como si fuese un negocio en liquidación. Avisaba con sencillez de que cualquier cosa vital que nos interese no ocurrirá si no podemos beber y respirar.

Estos días, la Dra. María Neira —directora del Departamento de Medio Ambiente, Cambio Climático y Salud de la Organización Mundial de la Salud (OMS)— alertaba de que en la COP-28 no se negocia-

98   M. Planelles y M. A. Sánchez-Vallejo (2023). «António Guterres, secretario general de la ONU: "La humanidad ha abierto las puertas del infierno"». *El País* (20/09/2023). <https://elpais.com/clima-y-medio-ambiente/2023-09-20/antonio-guterres-secretario-general-de-la-onu-la-humanidad-ha-abierto-las-puertas-del-infierno.html?sma=climaymedioamb iente_2023.09.202&utm_medium=email&utm_source=newsletter&utm_campaign=clima ymedioambiente_2023.09.202>.

ban solo las emisiones de CO_2, sino que se decidía nuestra salud. Recordaba que se extienden por todo el mundo situaciones de falta de acceso al agua potable, fenómenos meteorológicos extremos, desastres alimentarios. También de los masivos desplazamientos de población: interna, hacia las masificadas ciudades en muchos países, o fuera de ellos en el contexto de migraciones infrahumanas. Así como del aumento de enfermedades provocadas por vectores que encuentran mejores condiciones para expandirse en climas más benignos, y de los entre siete y nueve millones de muertes prematuras que se producen cada año en el mundo asociadas a la contaminación del aire. Por poner solo ejemplos que empujan a actuar con urgencia. Así pues, no hay duda de que la contaminación y el cambio climático afectan mucho a nuestra salud

Abogaba por hablar de ello y aunar compromisos en la COP-28. Se lamentaba, ¡quién no!, porque por primera vez en una cumbre del clima se dedicaba una jornada entera a hablar de salud y medio ambiente [sic]. Animaba a todo el mundo a ser más ambiciosos en la toma de decisiones ambientales que protejan la salud global. Sorprende que hasta ahora los fondos del cambio climático destinados a responder a necesidades de salud apenas llegan al 1 %. «Tercer Milenio» de *Heraldo de Aragón* se preguntaba el pasado 26 de febrero si podíamos darle alguna vuelta a la crisis climática. Incluía una entrevista a dos científicos que habían participado en la elaboración del último informe sobre el clima del IPCC (Panel Intergubernamental del Cambio Climático). De ella se deducía una esperanzadora llamada de atención o de auxilio: se puede hacer, hay que hacerlo. El informe de síntesis de los estudios completos del IPCC, siete años seguidos, confirma inequívocamente que el ser humano está aumentando las emisiones de gases de efecto invernadero hasta niveles sin precedentes. Luego hay que reducir emisiones para preservar la salud respirando vida.

No les falta razón a quienes avisan del descuido de los negocios detonantes del cambio climático. A mediados de noviembre nos enteramos de que el promedio mundial de dióxido de carbono en la atmósfera en 2022 superó en un 50 % el nivel preindustrial por primera vez. La Organización Meteorológica Mundial (OMM) pone el grito en el cielo que tantas veces observa. Pero también mira el calor más abajo. Ahora mismo advierte de que las repercusiones de El Niño en el Pacífico podrán influir en el clima global. En consecuencia, hay que conectar a personas e instituciones con las oportunidades de aprendizaje necesarias para el buen funcionamiento de los servicios meteorológicos, hidrológicos y climáticos, lo cual se traduce diciendo que los ayuntamientos de las grandes ciudades principalmente, pero no solo, deben prever un verano como el pasado, ojalá no sea tan cálido, y preparar refugios climáticos y planes de adaptación de sus instalaciones para reducir riesgos.

Es necesario tomar conciencia de esas repercusiones que nos obligan a actuar ya. Es más, todos los informes apuntan a que es muy probable que se produzcan desigualdades intergeneracionales. Posiblemente, niños y niñas nacidos ahora sufrirán, por término medio, varias veces más fenómenos climáticos extremos a lo largo de su vida que sus abuelos. O lo que es lo mismo, verán perjudicada su salud o será puesta en riesgo en más ocasiones.

Detrás de todo esto está el mercadeo de la contaminación, los negocios de las energéticas y afines, los descuidos de las administraciones y algo o bastante de dejadez ciudadana. ¡Cuesta entender que dañemos a sabiendas nuestra salud!

A ver qué sale después de la COP-28. ¡Ojalá se concierte que la salud sea un negociado global, no un negocio multidimensional!

20. La megasequía puede llegar en unos años: ¿cuánto y hasta dónde? ¿Y en Gaza?

En cuanto caen en otoño cuatro gotas nos olvidamos de la sequía que padecemos, al menos los urbanitas. Pero en muchas zonas de España, casi en medio mundo, la sequía se hizo resistente y no hay forma de librarse de ella. En la rica Cataluña hay varias restricciones en el uso del agua; en algunos lugares no habrá ni para boca. Sus embalses, los de las cuencas internas, están ahora mismo alrededor del 38 %; los de la provincia de Lérida al 41,4 %. En este mapa de *El Periódico*[99] se puede comprobar que casi

---

99 <https://www.elperiodico.com/es/sociedad/20240130/restricciones-agua-barcelona-area-metropolitana-sequia-lista-94948132>.

todo el territorio se encuentra en emergencias varias o en excepcionalidades casi nunca vistas. Pero hablar de eso no da réditos políticos.

La situación de megasequía «riega» la mayor parte de campos y bosques catalanes, hasta en Gerona donde en tiempos llovía bastante. Sus políticos, como en el resto del territorio español, han hecho dejación de funciones. Por eso deberían rendir cuentas. Cuando hablan, envían agua en palabras, que a ningún cauce llegan. El momento coyuntural de la sequía y falta de agua está en las ideas caducas de la ciudadanía y sus dirigentes. Todos han vivido al margen de la realidad, sin atender a las llamadas de parar los derroches varios que acumulan riesgos a la falta de lluvia. Miran al cielo para disparar al culpable, pero harían mejor en mirarse a sí mismos.

La sequía puede convertirse, seguramente lo será, en un factor limitante para la biodiversa vida, el medio ambiente en general, las economías derrochadoras y toda la dinámica socioempresarial. En qué ha estado pensando Cataluña durante todos estos años que no ha sido capaz de mirar al agua —el consumo medio anual por habitante en Barcelona está entre 210-230 litros diarios— dentro de un escenario de restricciones de agua; ahora (a buenas horas) dice el *Govern* que penalizará los consumos excesivos. Copiamos de *El Periódico*,[100] para: «castigar» la especulación y a los que gastan agua de forma «lujosa» [sic].

Es algo parecido a quienes hablaban de la nada acuática en el resto de España. Porque esto se veía venir. Las restricciones en Andalucía son de libro emborronado, pues no miran ni siquiera a los pozos ilegales que secan Doñana. En Aragón sueñan con hacer pantanos más grandes mientras la renovación de acequias se la comen las hierbas y los topillos; eso sí, van a dedicar una porrada de millones para hacer un campo de fútbol para la capital por si es nombrada sede en 2030. Así que, al margen de que llueva menos, de que el cambio climático no nos quiere proteger, la mala gestión del agua es uno de nuestros deberes nunca vistos.

Hemos leído con preocupación que la megasequía que se preveía para finales del siglo xxi en Europa puede que llegue a partir de 2030,

---

100   <https://www.elperiodico.com/es/politica/20231207/govern-ampliara-ayudas-alquiler-deduccion-95570293>.

el de la euforia futbolística mundialista. Lo asegura, como principal conclusión y alarma, un trabajo aparecido recientemente en la revista *Communications Earth & Environment* (del grupo *Nature*)[101]. El equipo de investigadores se ha fijado especialmente en los niveles de calor y sequía actuales. Estos se consideraban prácticamente imposibles hace veinte años, alcanzan ahora una probabilidad de 1 entre 10 en la década de 2030. Anotamos unas palabras de la española Laura Suárez-Gutiérrez, investigadora de la Escuela Politécnica Federal de Zúrich (ETHZ) que ha liderado la investigación:

> Queríamos fijarnos no solo en altas temperaturas, sino en eventos combinados que sean relevantes, como altas temperaturas que coinciden con sequías, la sucesión de noches con temperaturas nocturnas muy altas o calor húmedo, condiciones que son relevantes para los ecosistemas y la salud humana

La clase política y empresarial española —e imaginamos *alter ego* de la mundial— debería interpretar muy bien lo que sale de la COP28. Ya les avisó alguien con sabiduría aplicada hace muchos años: cuanto más focalicen su mirada en lo propio y cercano, peor verán las cosas que realmente son importantes.

21. Emociones y paisajes esteparios

De las salidas al campo surgen siempre impresiones subjetivas, si se puede afirmar eso con rotundidad, porque el sujeto adulto nunca olvida lo aprendido en su vida y en los estudios.

Mis paisajes son a la vez vaguedad y melancolía, por lo que dejaron de ser o pudieron ser; quizás nunca quisieron ser. En los paisajes siempre se encuentran alegrías, por más que quien observe resalte los deterioros.

Mi paisaje es la estepa, allí donde falta lo espectacular presentado en los medios de comunicación o en lecturas selváticas; desde *Tarzán* o *El libro de la selva* a *National Geographic*. No busco en la estepa fantasías, sino

---

101   <https://www.nature.com/articles/s43247-023-01075-y>.

la grandeza de las cosas pequeñas, algunas visibles incluso a la luz de la luna, como los yesos cristalinos. Parece que todo está dormido, excepto los cantarines pájaros o la chicharra delatora y por la noche, el mochuelo.

Mucha gente nos sentimos a gusto en la estepa. Ante esa menguante balsa endorreica, a donde van las calandrias a beber, admiro el vuelo amatorio de la libélula; cerca, los hinojos me perfuman. Los tomillos sienten envidia y a la menor ocasión, sacan sus flores para que el viento esparza sus olores. Los acompañan los sisallos —qué atrevidos al florecer en verano— y las ontinas —*Artemisia herba alba* es su aristocrático nombre—, que para mí son las joyas anónimas de mi estepa, junto con los no apreciados asnallos.

Los sentimientos de los esteparios se exhiben teñidos de supervivencia; las impresiones se alojan en los circuitos cerebrales. Pero para sentirlo hay que escanciar el alma observadora sobre lo que vemos, ya sea la tierra blanquecina o la mimetización a ese color de vegetales y animales. Mirándolos bien, cada elemento del paisaje permitiría su singularización, pero es una pena estropear el conjunto.

Además, hay un subsuelo que une y no vemos. Por allí, por sus vales que no valles porque falta el agua vivificante, andarán sequías o minerales sueltos, junto con algunos seres vivos que prefirieron el subterráneo a exponerse a los rigores esteparios. Polvo y sudor diría Antonio Machado, a lo que Víctor Guiu añadía lo de «estepas cocidas al fuego abrasado», en un poema dedicado al poeta Miguel Labordeta. Su hermano José Antonio no habría dudado en llamarla «la memoria de la sed», a la vez que su definitoria frase de Aragón que bien se podría concretar en la estepa como en ningún otro lugar: «polvo, niebla, viento y sol».

Un clima formado por conjuntos de tiempos extremos. Apenas llueve, el viento azota, el sol quema; el silencio reina combinado en ocasiones con una luz cegadora. Pero allí cualquiera puede soñar, incluso sentirse volátil; no tiene que competir con muchos colores y adornos. Lorca decía que todo libro es un jardín; lo mismo pienso de la estepa: el jardín de la compostura y de las alianzas entre lo vivo y lo no vivo, entre el clima y el suelo, entre las plantas y los animales.

La estepa es también aquello que manifestaba el gran conocedor de la rusa, León Tolstói: no hay grandeza donde faltan la sencillez, la bondad y la verdad. La estepa de Antón Chéjov habla por sí misma y en boca de sus personajes, siempre en viaje; por lo tanto, igual estampa y diferente cada día. Nuestra estepa es un compendio de sobriedad. Por eso no cuesta nada entender la elegancia y sentir lo que cuenta; mucho antes que en una estampa selvática. Marín Bagüés, en su cuadro *Acarreo de mies,* nos sublima unos amarillos que bien se podrían vender como un «Van Gogh de la Provenza seca».

El alma monegrina me susurra que estos momentos en los que parece que no son idóneos para ser un defensor estepario es cuando más atraen la tierra y las humildes plantas y animales que embellecen la vida de sus habitantes. Por más que moren en pueblos despoblados o envejecidos. Como si fueran quijotes, algunos luchan con los gigantescos molinos que los invaden. ¿Por qué? Los enormes artefactos eólicos o los huertos solares —qué ironía en la estepa— fotovoltaicos tratan de convencer a los oriundos para transformar las «inservibles» estepas, páramos o somontanos en fábricas de energía. Esta se llevará allí donde se necesite para mantener la riqueza económica; allí donde emigró mucha gente de la estepa o los somontanos. Los lugareños se atreven a decir: según y cómo, y el más rotundo *¡pa qué!,* cual si fueran La Bullonera. Pero es tiempo de mudanza energética sin emoción, pero sobria, respetuosa con el lugar y consensuada.

IV
CONTRIBUCIONES SOCIOAMBIENTALES
DE LA EDUCACIÓN OBLIGATORIA
Y UNIVERSITARIA

No puedo enseñar nada a nadie. Me contentaría con hacer pensar.

SÓCRATES

Dentro de algunas décadas, la relación entre el ambiente, los recursos y los conflictos será tan obvia como la conexión que vemos ahora entre derechos humanos, democracia y paz

Wangari MAATHAI

Homenaje a Frato

1. La LOMLOE acoge la sostenibilidad

De un tiempo a esta parte, bastantes centros educativos de enseñanza obligatoria han llevado a cabo desde hace tiempo acciones en donde emerge la sostenibilidad. Lo hacen desarrollando actuaciones varias en las cuales interactúan lo social y lo natural, el presente y el futuro, los temas de aprendizaje junto con los compromisos, la vida cotidiana con lo estrictamente curricular. Incluso algunos colegios e institutos han incorporado el distintivo sostenible a sus proyectos educativos. Iniciaron el camino hacia una educación más global y comprometida mediante otros supuestos, pero la formulación de los Objetivos de Desarrollo Sostenible (ODS) actuó en muchos sitios de foco iluminador de los nuevos temas objeto de estudio.

En esas comunidades educativas habrán valorado con interés que la LOMLOE apueste por su incorporación dentro de la normativa. Este hecho, a la vez que da una cierta cobertura legal a la innovación desarrollada en esa dirección, puede servir de estímulo a quienes todavía no habían pensado en ella. La primera lectura positiva de la nueva ley es que da pie a una transición educativa dirigida a consolidar estilos de aprendizaje diferentes a los tradicionales. Sería deseable que lo vivido como contenido escolar acompañase a las necesarias transiciones ecológica, energética, productiva, etc., que se postulan fuera de la escuela para la construcción de un futuro más justo y sostenible.

Habrá que considerar el mero hecho de la inclusión del término/idea desarrollo sostenible, se cita al menos veinticinco veces en la nueva ley, no garantiza de facto el posterior anclaje en la enseñanza. Además, el término compuesto aparece vinculado con la ciudadanía mundial. Otro acierto de la LOMLOE es que propone que dicha interacción sea permanente en los planes y programas educativos de toda la educación obligatoria. Dentro de sus buenas intenciones, sostiene que la enseñanza y el aprendizaje del nexo aludido llevará al alumnado hacia la asunción de compromisos; asunto que debe considerarse como hipótesis, como casi todo en educación. El conjunto de temáticas ligadas a lo anterior nos recuerda un poco a unos temas transversales de la LOGSE renovados. Así lo confirman la educación para la paz y los derechos humanos, la cooperación internacional y la educación intercultural; también, la educación para la transición ecológica, y otras cuestiones relacionadas con actitudes y valores.

Sin embargo, la experiencia nos dice que costará hacer realidad estos proyectos de vida. Esas buenas intenciones son, en sí mismas, reflexiones a las que el alumnado no está acostumbrado, ni particular ni colectivamente. Además, el profesorado tarda en conducir la concreción de lo abstracto, practicar la teoría y teorizar sobre la práctica, incluso en temáticas próximas, las ecosociales de cada día. Por eso, las escuelas, habrán de realizar un gran esfuerzo colectivo de adaptación. Primero, para identificar los valores y argumentos que sostienen esa ciudadanía mundial, para relacionar lo de cada día con el futuro deseado y, además, clarificarlo en un escenario local y global, actualmente bastante indefinido y sometido a crisis diversas, sin un foco claro que las ilumine. Lo del consumo responsable/sostenible, otro asunto potenciado en la LOMLOE, parece menos complicado, pues se pueden concretar causas y efectos en entornos próximos y a partir de ahí reconocer tendencias y convivir o no con ellas.

Más complicado resultará reforzar la trascendencia educativa de aspectos de sostenibilidad vs. vulnerabilidad como los Derechos del Niño de la ONU, la búsqueda permanente de la equidad como garantía de la igualdad de oportunidades, la educación para la convivencia y la gestión de conflictos, el desarrollo de la igualdad de derechos. Junto a ellos ocupa un lugar especial «la educación para la transición ecológica con criterios de justicia social como contribución a la sostenibilidad ambiental, social y económica». Una primera lectura de estos postulados nos diría que existe una decidida apuesta por cambiar los argumentos educativos y adaptarlos al desarrollo de las capacidades de las personas antes que al fortalecimiento epistemológico de las materias. La ley propone que se incluyan estas temáticas en las materias obligatorias, si bien deja abierta la posibilidad de que su tratamiento en el aula adquiera la forma de proyectos. Incluso plantea una materia de Educación en Valores cívicos y éticos que englobaría lo expuesto en el párrafo anterior, además de otros muchos aspectos de cultura social, una buena parte ya presentes en alguna ley anterior.

En Secundaria la LOMLOE es menos contundente. ¿Por qué? Nos da la impresión de que el papel preponderante de lo tradicional se ha impuesto a otros argumentos. Dejarlo todo abierto a que los centros educativos establezcan organizaciones didácticas que impliquen impartir conjuntamente diferentes materias de un mismo ámbito —agrupamiento muy difuso en los centros—, incluir otras optativas de acuerdo con su proyecto educativo, o la materia de Educación en Valores, etc. Todo lo cual se concibe como necesario y motivador. Sin embargo, está sujeto a normativas organizativas cerradas, a la presión de los distintos departamentos didácticos, entre otras dificultades. Hubiese convenido apostar, como en Primaria, por dar libertad a los centros para la puesta en marcha de medidas de flexibilización que fomenten la integración de las competencias en contextos diversos. Estas precisarán seguramente de una progresiva y diferente organización de las áreas, de las enseñanzas, espacios y tiempos. La LOMLOE añade que el contexto pedagógico no puede ser otro que la realización de proyectos significativos para el alumnado, que lleven a una resolución colaborativa de las problemáticas analizadas. Afirma que esta trama es más favorable para el reforzamiento de la autoestima, el fomento de la autonomía y favorece la reflexión individual y colectiva que evidencia la responsabilidad en cada asunto analizado. Aspectos todos que han de estar presentes de forma activa en la experimentación innovadora.

Todo lo anterior precisa de la complicidad del profesorado, su adecuada preparación para los necesarios cambios en los estilos de enseñanza, marcados por el desarrollo de unas competencias que todavía no han calado en la práctica cotidiana pese a llevar más de una década rondando por la escuela, como recordó César Coll en la presentación del nuevo currículo el pasado 26 de marzo;[1] más ahora que a los y las docentes se les pide armonizarse en un contexto de «perspectiva globalizadora». No resultará sencillo ni inmediato que el actual profesorado asegure la interacción compensada de las dimensiones educativas tales como: la cognitiva/conocimientos; la instrumental/destrezas, y la actitudinal/actitudes y valores.

Queda mucho trabajo para modernizar la educación como se propone la LOMLOE, para concretar la afirmación de la disposición adicional sexta. Esta anima a que se priorice el sentido de transformación social (la educación para el desarrollo sostenible y para la ciudadanía mundial) en los procesos de formación del profesorado. Se dice que se buscará la colaboración con las facultades de educación, asunto pendiente en muchos casos, y muy complicado con el resto de los grados universitarios que nutren la docencia. También aboga por que se tenga en cuenta en el acceso a

---

1   <https://www.youtube.com/watch?v=MCPrRhDKBfs>.

la función docente. Ninguna de las dos tareas resultará sencilla, dadas las inercias actuales y lo que cuesta removerlas en uno y otro ámbito.

Desconocemos cómo se conseguirá hacer realidad el compromiso de que para el año 2025 todo el profesorado deberá haber recibido cualificación [sic] en las metas establecidas en la Agenda 2030. Querríamos pensar que dentro del horario lectivo se considerarán tiempos para que el profesorado amplíe su formación y la contraste dentro de los equipos. También para que investigue y reflexione sobre su tarea, y concierte el desarrollo comprometido de los proyectos de cambio que la sostenibilidad requiere.

En la presentación citada de César Coll le escuchamos decir que actualizar el currículo es algo más que cambiar los contenidos; hay que sustituir los criterios actuales por los cuales se seleccionan. Lo realmente importante es que el manejo educativo capacite al alumnado para afrontar los retos y desafíos del siglo XXI, en las diferentes escalas espaciales, lo que se llama «perfil de salida del alumnado»: competencias, retos sociales y características del alumnado que finaliza la educación obligatoria.

¿Cómo se lleva todo esto con la marca de sostenibilidad a los saberes básicos de cada área o materia, algo así como competencias específicas relacionadas con la vida cotidiana? No bastará con multiplicar los *ecogestos*. Habrá que seleccionar muy bien los contenidos esenciales —sean disciplinares conocidos o no—, renunciando de entrada a las visiones enciclopédicas, máxime en un momento de incertidumbres permanentes sobre la pertinencia de lo aprendido. Convendría proponer un currículo de enseñanzas mínimas abierto, en constante evolución. El conocimiento aplicado a la sostenibilidad, que convive con el auge de la competencia como metáfora educativa, se aprecia en la personal manera de hacer y en cómo se entiende el mundo global. A todo ello le va bien una autonomía de los centros, apoyada desde la Administración, que permita acoger en sus proyectos educativo y curricular la sostenibilidad como uno de sus principios fundamentales, deseable como argumento y posible en su realización.

El desarrollo de todos estos compromisos queda pendiente, a la espera de obstáculos que superar. Entre otros, los vetos de formaciones políticas o sociales, de las presiones de las materias clásicas, de las editoriales de los libros de texto y de las inercias de la organización escolar tradicional, además de la falta de sintonía de los ciertos servicios educativos de las administraciones y de mejoras pendientes en su relación con los centros, etc. Pero lo merece el alumnado para aventurar un futuro diferente; es necesario para la ecosociedad que nos espera. Suponemos que las administraciones educativas estarán en ello, y nos lo darán a conocer pronto. ¡Ojalá lo logren, pero es un mal principio que está ley nazca sin consenso, como las anteriores!

La búsqueda de la sostenibilidad como argumento social y, por ende, escolar debiera haber sido la primera misión de una renovación escolar, por su importancia y urgencia. De otra forma seguiremos abocados al más de lo mismo: unos ponen y otros quitan. Entre ellos, deambulan alumnado, profesorado y sociedad, sin saber qué hacer para educarse en tiempos de crisis ecológica y social. Son incógnitas que ya vienen desde hace unas décadas.[2] ¿Cómo se puede llegar así a entender y comprometerse con una huella social tan compleja como la sostenibilidad?

Habrá que compartir en diversos ámbitos sociales y administrativos, incluso educativos, los significados del axioma principal: todo aquello de la relación sociedad vs. naturaleza que no se puede hacer permanentemente es insostenible. Por todo ello, mucha suerte, encomiable empeño, y ¡ojalá se entienda que la búsqueda de alianzas y consensos es el primer propósito de sostenibilidad en la concertación de la Agenda 2030, por más que en los ODS figure con el número 17! Tanto necesita la educación los acuerdos comprometidos como la sociedad la sostenibilidad, y viceversa que ya fueron postulados hace algún tiempo por la Comisión Europea.[3]

---

2   V. M. Mora (2009) «Educación ambiental y educación para el desarrollo sostenible ante la crisis planetaria: demandas a los procesos formativos del profesorado». *Tecne Episteme y Didaxis. Revista de la Facultad de Ciencia y Tecnología,* 26, segundo semestre 2009, 7-35. <https://dialnet.unirioja.es/servlet/articulo?codigo=3782465>.

3   I. Mulvik *et al.* (2021). *Education for environmental sustainability: policies and approaches in_European Union Member States. Final Report.* Comisión Europea, Dirección General de Educación, Juventud, Deporte y Cultura. Oficina de Publicaciones de la Unión Europea. <https://data.europa.eu/doi/10.2766/391>.

2. El rincón de pensar sostenibilidad en la escuela

La palabra *sostenibilidad,* el concepto, podría ser declarada como «estrella de la convivencia». Lo citan quienes saben algo de ella, además de los ignorantes, los políticos y otros señores de la vida. Hasta los *youtubers* están haciendo sus piruetas cogiendo en cada momento lo que más les interesa. Todos, cual trapecistas circenses, la llevan de un lado para otro justificando lo que es la vida o pretende ser. La vemos en los alimentos perecederos que compramos, por aquello del kilómetro 0; hasta la he encontrado bien fundamentada en la botella plástica que contiene el detergente para la ropa delicada. Aún no la vemos publicitada en las estaciones de servicio, donde podrían poner un cartelón grande que dijese: ¿De verdad no le importa malgastar combustible en ese viaje que va a realizar sin haber necesidad?

La sostenibilidad la exhiben los políticos en forma de escarapela. Los papeles oficiales portan membretes de colorines para dar idea de corresponsabilidad; así pretenden que la intención sea conocida. Pero se ve por tantos lugares que el cerebro nos traiciona y hace que pase desapercibida, que las neuronas no reparen en ella. Pero no culpemos a nadie en concreto, que el despiste está muy extendido. En la sociedad faltan muchos rincones de pensar o los que hay no se visibilizan suficientemente.

Si la sociedad está tan bombardeada por el concepto 'sostenibilidad', podemos preguntarnos en un rincón de pensar particular no punitivo, sino reflexivo al que se acude no por haber hecho algo mal, sino para pensar en un interés colectivo, cómo repercutirá en la escuela. Porque todos los individuos somos comunidad educativa y vital, por acción o por omisión. En una instancia educativa han de verse tanto los éxitos comprobados en sostenibilidad como las conductas mejorables; unos y otras tendrían su repercusión en el proyecto de centro del curso siguiente. El profesorado tendría su rincón proactivo en la reuniones de departamento, ciclo o en los claustros. Por eso es más conveniente que las reuniones sobre este tema sean internivelares o multimaterias. Además, el profesorado suele ir tan agobiado que siempre le falta tiempo para el debate sosegado, en unas escuelas que deben caminar a marcha rápida. ¿De verdad pueden así ser sostenibles? Me viene a la memoria la iniciativa Filosofía 3/18,[4] o los Rincones de pensamiento positivo,[5] otros que intentan reflejar los pensamientos en juegos, el rincón de la ciencia o de las matemáticas en educación infantil, etc. En todos ellos, el espacio no debe ser periférico, sino con interés centrípeto sobre un tema concreto. En nuestro caso la sostenibilidad, compleja en sí misma y de amplio recorrido, pero visible diariamente en acciones cotidianas y a pesar de eso evanescente.

Por cierto, he visto distintivos de sostenibilidad de diverso tipo en algunos centros educativos en forma de sellos que otorgan las administraciones en función de una serie de condiciones. Y lo que es más chocante, no tienen fecha de caducidad ni de consumo preferente, lo cual permite enarbolar la insignia para siempre, a pesar de que suponemos que en alguno de los casos se podrían encontrar claramente agujeros de insostenibilidad, o algún manchurrón.

Por todo lo anterior invitamos a consolidar un virtual rincón de sostenibilidad en cada centro, un espacio de calma reflexiva y propositiva, un rincón de sueños de sostenibilidad —en otros lugares los llaman sucesivos círculos de interés ambiental— que despierten conciencias. En los que participa el alumnado que tiene una cierta capacidad para reflexionar ante conceptos abstractos y convertirlos en acciones concretas; donde se habla del interés personal ante lo necesariamente colectivo, ambos supuestos nada fáciles de congeniar. Por eso en las escuelas infantiles solo lo vemos formado por el personal docente y las familias. En otros lugares donde ya existe algo similar se llama «Observatorio de sostenibilidad»,[6] pero escolar. Tiene menos carga punitiva y le da categoría porque en él participan miembros de todos los conjuntos que forman la comunidad educativa, de dentro y de fuera de las aulas.

Los rincones para el profesorado se plantean preguntas con respuestas abiertas: ¿Existe la verdad en sostenibilidad? Si es así, ¿por qué no alcanzamos a verla hecha realidad en nuestras acciones o en las de otros? ¿Vale

---

4   V. Moreno (2021). «Enseñar a pensar en la escuela con el proyecto Filosofía 3/18». *Fòrum de Recerca*, núm. 26 (ejemplar dedicado a las XXVI Jornades de Foment de la Investigació en Ciències Humanes i Socials), 81. <https://dialnet.unirioja.es/servlet/articulo?codigo=8114246>.

5   Marisol Gracia. «Rincones de pensamiento positivo». *Magisterio* (5/11/2019). <https://www.magisnet.com/2019/11/rincon-del-pensamiento-positivo/>.

6   <https://www.observatoriosostenibilidad.com/>.

para unos temas, pero no la vemos para otros? ¿Qué límites tiene obviar la sostenibilidad? ¿Qué papel juega la ética global y cómo influye, para bien o para mal, el distintivo ligado a progreso *sensu stricto*? En realidad, estos rincones son algo así como laboratorios en los cuales compartir dudas y avanzar propuestas. En la escuela no tenemos costumbre de expresar incertidumbres y manejarlas en interés colectivo.

Aquí valdría aquello de Sócrates sobre solo sé que no sé nada, o poco; por eso deberíamos indagar sobre «verdades» que sostienen la acción educativa. Pero claro, siendo conscientes de que la realidad está amasada con contradicciones. En este contexto, la búsqueda de la «verdad o la duda» a partir de la supuesta ignorancia obligaría al profesorado a explorar conclusiones sobre el estado de la sostenibilidad. La trayectoria de la educación ambiental en el centro ayudaría a corregir posibles errores o despistes.

Pero siempre queda en el aire lo que sabemos a ciencia cierta y aquello que solamente creemos saber. Debe entrar en acción la ciencia. Sus descubrimientos e investigaciones sobre cuestiones visibles de la vida diaria podrían justificar la educación ambiental o servirían para ahondar en la sostenibilidad. Pongamos por caso la crisis climática o el cambio climático en sí mismo. Aunque aquí, a uno mismo le sucede, sirve para diferenciar entre lo verdadero y lo falso, pero no para afirmar con rotundidad qué es bueno enseñar y qué no lo es. Imaginemos que conseguimos no ser descreídos del todo para superar este bucle, y que a la vez lo compartimos con el resto del profesorado.

A menudo, en estos rincones o lugares de encuentro, surgen dudas sobre aquella idea kantiana de si nuestro conocimiento comienza merced a los sentidos, si después pasa la mayor parte al entendimiento y si al final culmina en la razón de la sostenibilidad. Llevémoslo a la sostenibilidad/gestión del centro educativo o si se quiere al caso anterior de la crisis climática. Porque puede suceder que, aunque al final del debate se encuentre una razón verdadera que apoye la sostenibilidad, se necesitarían muchas dosis de dialéctica compartida. Así sucede a la hora de mudar de estadio mental proambiental pues cunde el pesimismo tipo Schopenhauer. Necesitaremos una dialéctica bien fundamentada para defender la necesidad del pensamiento socioambiental. Nos vendrá bien aportarla a quienes (alumnado preferentemente) soportan mensajes contradictorios que lanzan los medios de comunicación, empresas, administradores y el resto de los generadores de espacios de opinión; la sociedad actual es esencialmente contradictoria. Desde sus rincones nos bombardean con mensajes poco claros sobre la sostenibilidad, o directamente absurdos. Habrá que trabajar sobre estas cuestiones en muchos rincones y observatorios de sostenibilidad educativa.

Por cierto, en el calendario mundial venía marcado el día 26 de enero como Día Internacional de la Educación Ambiental. ¿Tendría algunos momentos de pensamiento proactivo en mucha gente? Valdrían un par de reflexiones, al menos, sobre educación ecosocial y sobre sostenibilidad como conjetura de vida. Fueron demandadas con motivo de un manifiesto colectivo de *Teachers four future Spain* para defender la iniciativa y para enviar un mensaje de ánimo a quienes bucean colectivamente en eso de la sostenibilidad en un rincón de pensamiento y acción permanentes,[7] ese que ocupa un lugar central en nuestras vidas. Hará falta comentarlo en cada grupo de pensantes para ver si surgen acuerdos o dudas.

3. La percepción y la acción ambiental según PISA in FOCUS 120

Lo ambiental suena cada día

La escuela, la educación reglada, es un reflejo de la sociedad que la mantiene. Por eso, cualquier lectura que se haga de sus rasgos formativos debe fijarse en esta consideración. En el caso que nos ocupa, la cuestión ambiental no escapa a esta premisa. Está de actualidad en el lenguaje cotidiano. Por otra parte, los medios de comunicación social la recogen en sus informativos. Así pues, se supone que ejercen un papel importante en la vida cultural y educativa. Bien que la mayor parte de las ocasiones nos la presentan ligada a hechos concretos, casi siempre catástrofes. Es probable que su caracterización global esté distorsionada. Necesitaría mostrar las interacciones vitales entre diversas variables.

Esta carencia hace que la ciudadanía en general muestre una escasa comprensión y una extendida huida de la cuestión ambiental como conjunto complejo. Por ejemplo: tras ser evaluados los efectos de un hecho puntual (ola de

---

7 <https://teachersforfuturespain.org/manifiesto-teachers-for-future-spain/>.

calor, incendios, inundaciones, etc.) toca reparar los desperfectos, excepto las vidas perdidas. Entonces, se justifica que se necesiten grandes sumas de dinero en volver a lo de antes. Estas maniobras gubernamentales y personales acaban muchas veces en una restitución sin más de lo material perdido, cuando llega; no suponen una reflexión de las causas que provocaron la situación concreta.

Así ha sido casi siempre pero ahora el asunto ha crecido exponencialmente. Pocas veces se estudian y explican los porqués. Menos aún cómo anticiparse a las catástrofes. Por eso no debe extrañarnos que en la próxima ocasión en que los vectores que interaccionan en la naturaleza se aparten de un funcionamiento positivo volverán a causar destrozos más o menos similares. Y vuelta a empezar. Se podría decir que la percepción y acción ambiental todavía no cimientan organización social. Así es difícil que se consolide cultura ambiental educativa.

Visión cortoplacista de la vida.
Parece que el futuro no se quiere adivinar

Las administraciones actúan a impulsos electorales. También empresas e individuos hacen bueno aquello que se decía de que el cerebro animal —entra ahí el de la especie humana— reacciona ante grandes eventos puntuales de la naturaleza, del medioambiente (en adelante, MA). Pero no sabe distinguir cambios paulatinos que proceden en su mayor parte de la interacción entre sociedades y territorios. Sean estos tierra, mar o aire.

Vivimos unos tiempos en los que los episodios catastróficos mundiales emergen en los medios de comunicación, también hay que decir que al estilo anécdota. Si cada día buscásemos en varias fuentes, nos encontraríamos ejemplos más o menos evidentes. Se diría que nos hemos acostumbrado a ellos. En poco tiempo son sepultados por otros. Y vuelta a empezar. Así es muy difícil una percepción social acorde con las posibles consecuencias de tal o cual acción, ya sea personal o social. No se entienden las consecuencias de una acción negativa acumulada, de un incremento de las interacciones entre los distintos efectos. Además, lo global —espacio etéreo sin límites que se nombra hasta en la Educación Ambiental— es una nebulosa de la que siempre estamos lejanos. Acaso sucede esto porque el individualismo existencial es un referente en nuestro contacto con el MA.

Mucha gente, demasiados gobiernos, empresas o ciudadanos son inmunes a lo que no perciban que les afecta personal o gravemente, aunque sí lo sea. Pongamos el caso de contaminación del aire urbano y la salud. La relación progresiva es alarmante, como testifican ISGlobal de Barcelona o el Instituto Carlos III, dos centros de investigación de merecida influencia mundial por el rigor de sus investigaciones científicas. Por eso, ante los reiterados llamamientos de las ONG ambientalistas, los gobernantes del dinero, de la empresa o de la banca reaccionan con el verdeo promocional[8] o la inacción disimulada. Argumentan que no es conveniente generar más ansiedad ambiental, que la vida ya trae bastante, de diversas intensidades. Aducen que la sobreinformación negativa o acusatoria tiene un efecto contraproducente en la generación de cambios del comportamiento.

Los jóvenes interactúan con la sociedad a la que pertenecen

Supuestamente son los gestores y personas adultas quienes más capacidad de reacción tienen ante estas situaciones problemáticas. Inicialmente lo damos por válido. Debería ser objeto de un análisis más profundo. Pero debe ser tenido en cuenta cuando se trata de apreciar la percepción y la acción ambiental en la educación obligatoria, en este caso en la acumulada hasta los 15 años. Aquí vamos a comentar brevemente los resultados de unas pruebas PISA realizadas en todos países OCDE en 2018. Recordemos que la COVID-19 trastocó el pensamiento individual y colectivo en todo el mundo. Por tanto, no sabemos cómo habrán cambiado o no las percepciones. Tenemos solamente resultados de diversas investigaciones sobre aspectos concretos que no viene al caso comentar.

Todos vivimos en el contexto dibujado anteriormente, también los jóvenes. La sociedad es tan compleja que merece lecturas globales, aunque aquí las vayamos a realizar parciales. En primer lugar, nos preguntamos qué significa estar preparados, como dice el título de las pruebas PISA: *¿Están preparados los alumnos para hacer frente a los retos relacionados con el medio ambiente?* Seguramente estas pruebas se asientan en la creencia de que los jóvenes, cuando sean adultos y tengan más obligaciones y poder de decisión,

---

8   <https://www.thepowermba.com/es/blog/marketing-verde-que-es-ejemplos-y-mas>.

actuarán con más rigor ambiental si están bien formados. Nadie duda que los jóvenes sufrirán las consecuencias del cambio climático y medioambiental más directamente durante su vida que cualquier otra generación anterior de la historia reciente. Una cuestión nada sencilla: ¿más formación genera mejor acción? Las pruebas PISA también buscan conocer el punto de partida de cada país en la percepción de los jóvenes para ajustar los programas educativos.

Supongamos que vamos a elaborar un plan global de la actuación destinada a los jóvenes para que, al menos, estén más preparados para lo que con casi total seguridad les vendrá después. La experiencia nos dice que para saber lo mejor es preguntar, y posteriormente cruzar resultados parciales. La imagen que presentamos aquí hay que tomarla con cautela, como todas que implican pensamiento con compromiso. Además, evidencian tendencias globales, apreciables o no a escala más local. Aun así, proporcionan una imagen, indican una posible trayectoria formativa. Imaginamos que esa es la intención de cada una de las pruebas realizadas cada cierto tiempo por la OCDE (Organización para la Cooperación y el Desarrollo Económicos). No es un examen evaluativo a la cantidad de cosas que saben o acciones que puede emprender el alumnado. Además, es una primera lectura del resumen editado. Empecemos por recordar que según PISA in Focus 2015 los resultados del alumnado de 15 años en los ítems de ciencias relacionados con el MA no mejoraron a escala OCDE con respecto a PISA 2006.

Lo que dicen las pruebas PISA in Focus 120

Vayamos con alguna de las conclusiones del Pisa in Focus 2018 editado en español en 2023.[9] Aquí intentaremos entender algunos rasgos y aventurar las consecuencias formativas que pueden tener.

- En la mayoría de los países, 20 de 26, el alumnado identifica con más dificultad las posibles respuestas a corto plazo para «el aumento del nivel del mar» causado por el calentamiento global que una respuesta a largo plazo.

---

9   <https://sede.educacion.gob.es/publiventa/d/26829/19/0>.

- De media, la mitad del alumnado se ve como amante del MA (vive un determinado ecologismo, tiene conciencia ecológica, cree poseer capacidades para mejorar el medio ambiente). Solo un 6 % declara no poseer ninguna. El resto se considera apto solo en alguna.

- El alumnado que muestra mayor conciencia ecológica obtuvo de promedio 80 puntos más en ciencias después de tener en cuenta su situación socioeconómica.

- Parece más probable que el alumnado tome medidas que reduzcan problemáticas ambientales cuando presenta una actitud a favor del MA. Sin embargo, la actitud positiva no lleva a una acción global. De hecho, la participación en acciones relacionadas con el medio ambiente oscila entre el 22 y el 70 %, según el tipo de acción de que se trate.

La encuesta utiliza una muestra del alumnado de 15 años de varios países. España se encuentra entre los que una mayoría del alumnado supo responder correctamente a un conjunto de preguntas que tenían que ver con la sostenibilidad medioambiental. Este porcentaje creció en las cuestiones de ciencias ambientales frente a las de ciencias no ambientales.

Ya se ha dicho que asignan a la reducción de los gases de efecto invernadero la solución a largo plazo para frenar el calentamiento global. Esta variable se enmarca dentro de la evaluación opcional de Competencia Global. No parecen evidentes algunas de las respuestas sobre si entienden acciones inmediatas concretas. En este cuestionario se planteaban defensas en playas, lo cual parece indicar, según el informe, que hay que dedicar bastantes esfuerzos a fortalecer la capacidad del alumnado para diferenciar de forma más compleja y matizada la lucha contra el cambio climático y la adaptación a sus efectos.

Sorprende, según el PISA in Focus 2018, una conclusión global. Siendo que la mitad del alumnado se confiesa «amante del MA», una parte —más del 30 % en algunos países— declaraba que proteger el MA no era importante. Es más, un 40 % aseguraba que sabía muy poco o no había oído hablar nunca del cambio climático ni del calentamiento global (en especial en Argentina, Indonesia, Líbano, Marruecos y Arabia Saudita). Nos dejó tan perplejos este dato que no sabemos cómo interpretarlo.

Incluye el informe aquí referenciado el porcentaje de estudiantes que muestran diferentes combinaciones de actitudes a favor del MA. Es interesante este apartado pues separa el tipo de actitudes. Va desde ninguna hasta la entusiasta en la protección del medio ambiente (muestra conciencia, dedicación personal y es objetivo vital). Pasa por niveles intermedios muy precisos como: con conciencia ambiental, pero sin objetivo vital ni dedicación personal; sin conciencia ambiental ni objetivo vital pero muestra dedicación personal; sin conciencia ambiental ni dedicación personal pero con objetivo vital; con conciencia ambiental y dedicación personal, pero sin objetivo vital; con conciencia ambiental y objetivo vital, pero sin dedicación personal y sin conciencia ambiental, pero muestra dedicación personal y sentido vital (ver pág. 5 del informe en español aquí referenciado). Digamos que el alumnado de España casi alcanza el 50 % que se puede considerar entusiasta y supera este porcentaje si añadimos aquel que muestra dedicación personal y sentido vital aun sin tener conciencia ambiental. Este capítulo del informe puede ser de mucha utilidad a la hora de programar actuaciones globales en los centros educativos.

Una transición social que acompañe es clave

Siempre se ha dicho que el acompañamiento social en educación es importante. La probabilidad de ser un estudiante con conciencia ambiental para actuar aumenta significativamente (de mayor a menor) en el caso de que: las puntuaciones del alumnado estén por encima del nivel de competencia básica 2 en Ciencias; sus familias tengan ventajas socioeconómicas; sus progenitores se preocupan por el MA y ahorran energía en casa para proteger el MA; los progenitores boicotean productos o empresas por razones políticas, éticas o ambientales; son chicas; el centro educativo incluye el cambio climático en el plan de estudios.

El informe, en su dimensión global, muestra un fenómeno preocupante que identifica con el término *desajuste medioambiental*. Se refiere a aquella parte del alumnado que manifiesta una gran conciencia por los problemas medioambientales, pero no toma medidas para proteger el MA.

La última parte del informe hace alusión a la participación de estudiantes en acciones relacionadas con el MA, con actitudes de respeto por el MA y la conexión con la competencia en ciencias. Puede ser debido a que la enseñanza se realice en su mayor parte en materias como Ciencias de la Naturaleza o afines. También a que las creencias científicas formuladas tras investigaciones sobre MA tengan más valor/relación con la percepción y acción ambiental. Estas dimensiones habrán de tenerse en cuenta cuando se diseñen proyectos socioambientales en los centros. Habrá que ayudar a que el MA traspase su matiz de enseñanza en ciencias e impregne toda la dimensión educativa dentro del Proyecto Educativo y Curricular del centro.

Para dimensionar todo el informe —siempre parcial— se diferencian cinco acciones. La acción 1 se refiere a la reducción de la energía que utilizan en casa con el fin de proteger el MA. La número 2 muestra la elección de determinados productos por razones éticas o medioambientales, aunque sean más caros. La 3 repara en si firman peticiones relacionadas con el MA o por motivos sociales en línea. La 4 señala si boicotean productos o empresas por razones políticas, éticas o medioambientales. Finalmente, la acción 5 se preocupa de ver si participan en acciones a favor de la protección del MA. Las desglosa en conciencia, autoeficacia, si es objetivo vital, la puntuación media obtenida y la mejor puntuación. Las dimensiones de estas intenciones se pueden consultar en la página 7 del documento antes aludido. Aquí vamos a subrayar una por cada acción:

- En la acción 1, reducción de la energía que utilizan en casa para proteger el MA. Identifican los mayores valores cuando el alumnado que tiene un objetivo vital relacionado con el MA es casi dos veces más propenso a ahorrar energía en casa que el alumnado sin ese objetivo vital.

- En la acción 2, eligen determinados productos por razones éticas o medioambientales, aunque sean más caros. La razón de posibilidades es mucho mayor si el hecho constituye un objetivo vital.

- En la acción 3, firman peticiones relacionadas con el medio ambiente o por motivos sociales en línea. El alumnado que obtiene mejores puntuaciones tiene casi un 60 % menos de probabilidades de firmar peticiones relacionadas con el MA o ámbito social en línea que el alumnado con menor puntuación.

- En la acción 4, boicotean productos o empresas por razones políticas, éticas o medioambientales. El alumnado que siente la autoeficacia o para el que es objetivo vital supera un poco al resto, es más proactivo. Sin embargo, la acción tiene menos posibilidades en aquel alumnado que se acerca a la puntuación media o tiene mejor puntuación. En el último caso aumentan las posibilidades después de tener en cuenta la situación socioeconómica y el género.

- En la acción 5, participan en acciones a favor de la protección del medio ambiente. Es muy importante si es un objetivo vital, pero decae mucho en el alumnado que alcanza la mejor puntuación.

Por lo que parece tras la lectura de estos datos es que si lográsemos consolidar la percepción y acción del MA como objetivo vital se mejoraría mucho el papel de la juventud en la mitigación de las situaciones problemáticas y en la adaptación a las nuevas dimensiones. Nunca se debe olvidar que estos resultados suponen una especie de holograma del presente y el futuro. No son una caracterización fija de lo que debemos o podemos hacer. No resta importancia al gran papel de la percepción ambiental del profesorado. Tanto referido a sus conciencias como al carácter de objetivo vital que se le dé por parte de cada persona y en el conjunto del centro educativo. Aun así, reproducimos textualmente la parte final del resumen del informe:

> Es mucho menos probable que se dé un desajuste medioambiental cuando el alumnado está en contacto próximo con compañeros del centro educativo o familias implicadas en acciones relacionadas con el medio ambiente. Esto sugiere que las iniciativas relacionadas con la educación medioambiental dirigidas a las comunidades escolares en su conjunto y no solo a individuos particulares son importantes y prometen dar sus frutos. Es más, el hecho de que los centros educativos ayuden al alumnado a encontrar una razón vital para proteger el medio ambiente puede movilizar su conocimiento e impulsarlo a pasar a la acción.

Así pues, solamente nos queda recordar el gran papel que los centros, sus proyectos, pueden ejercer en el desempeño ambiental de las generaciones futuras. Siempre en el contexto de actuaciones colectivas que congenien con las que la sociedad realice. Así pues, cobra gran valor la existencia de alianzas educativas entre escuela, familias, administración y el conjunto de entidades sociales.

4. El valor y la necesidad de una Educación Ambiental

Decíamos ayer

En octubre de 1983 se celebraron las I Jornadas de Educación Ambiental en Sitges. Allí acudimos muchas personas con la esperanza puesta en el conocimiento de métodos y experiencias —se presentaron más de 200 aportaciones— que nos ayudaran a darle más contenido a iniciativas propias. Las exposiciones y debates nos enriquecieron. Volvíamos con un suplemento emocional y con la mochila cargada de nuevas vías de acción.

Vuelvo a leer las actas de aquellas jornadas y entresaco ilusiones pasadas, pero muchos retos ambientales de entonces siguen siéndolo hoy. Incluso algunos que ni se citaban, como el cambio climático, ahora condicionan enormemente la vida global. Por lo cual desde aquí lanzamos la proclama de que es necesario hacer valer el papel de la Educación Ambiental (en adelante, EA), o para la Educación para la Sostenibilidad (EpS), con más intensidad e insistencia. Aunque, a partir de ahora diremos EA a sabiendas de que englobamos las dos. Hay que insistir en la tarea porque si miramos a la formación ambiental de la ciudadanía actual —aquello que se responde en las encuestas— entendemos que valora el medio ambiente, pero minusvalora las aportaciones personales; se podría decir que algo no hemos hecho bien. La EA que en tiempos pudiera parecer una propuesta ecologista sin más, de unos iluminados, ahora es una necesidad existencial. La aventura vital más útil ahora basada en información veraz, en la participación y en la acción colectiva con compromiso.

A partir de entonces bastante, pero aún es poco

Lo cierto es que debemos ir más lejos. Pero no partimos de cero. Debemos resaltar el enorme esfuerzo que se ha hecho desde organizaciones ambientalistas, administraciones y la enseñanza reglada para avanzar en la EA. Por más que no se hayan generalizado los deseos de los estudiosos de la EA; explicaremos las razones. Podríamos revisar los millares de centros que han desarrollado intervenciones, las innumerables campañas de administraciones varias, desde lo local hasta lo global. Gobiernos de las CC. AA. o de comarcas y ayuntamientos han llevado a sus organigramas los cargos de educación ambiental, con mayor o menor acierto o pretensiones. Desde aquí el reconocimiento al profesorado que quiso dar un paso adelante y logró implicar a su alumnado. Fueron muchas iniciativas; en casi todas las CC. AA. hay redes de educación ambiental. Por citar solamente una, que agrupaba centros de las demás, señalaríamos a ESenRED.[10]

---

10   <https://esenred.blogspot.com/p/que-es-esenred.html>.

Algo habrá quedado de todo eso. Al menos parece que se ha incrementado una lectura más crítica de los sucesos ambientales. También hay que decir que los medios de comunicación ya se ocupan de la información ambiental, pero su tratamiento es efímero, excepto medios que tienen una sección específica llamémosle *verde*. Ahora sobre clima preferentemente.

A la escucha permanente
porque los lenguajes ambientales tienen muchas caras

De un tiempo a esta parte, el lavado verde de los productos y acciones empresariales, incluidas las energéticas, nos han inundado de mensajes ambientalizadores. Hay personas que empiezan a preocuparse por el asunto; algunas hasta llegan a sentir una cierta ansiedad ambiental. Dimensionan en exceso su responsabilidad en el despiste del cuidado del medioambiente. Tiene más pecado la publicidad engañosa que culpabiliza al usuario siempre. Debería preocuparse más en publicitar las mejoras en la producción, eficacia, transporte y uso de los recursos necesarios para apoyar una vida acorde con las necesidades ambientales. Parece que quieren decirnos que nos felicitemos por adquirir tal o cual producto un poco más ecológico, luego ya veremos. La publicidad es muchas veces engañosa, aunque el etiquetado del producto haya mejorado y la protección de los consumidores también. Aprovechamos para decir que hay que criticarla no solo en los centros educativos desde Primaria hasta la universidad; es tanto o más importante la educación no formal e informal.

También cunden en la sociedad rica, la nuestra, los negacionistas del todo. Ocurre si las administraciones condicionan lo que algunos llaman la «libertad» de comportarse, sin el mínimo respeto ambiental la mayoría de las veces, critican a los gobiernos y ayuntamiento, incluso lo denuncian ante la justicia. Por otro lado, demandan que, si se producen catástrofes ambientales, las administraciones deben resolverlas ya en cada lugar, contexto y momento. Son lo que algunos llamamos los «inadaptados socioambientales», que desdeñan que vivimos en la sociedad de las relaciones y compromisos.

Luego, están los depredadores ambientales. Unos pocos contaminan mucho globalizando pérdidas sociales y ambientales, pero quedándose con las ganancias económicas que repercuten negativamente en el estado global.

Las empresas detentadoras o comercializadoras de las materias primas o energéticas, por ejemplo. No facilitan los cambios ambientales, aunque se atrevan a preparar hasta cursos de formación para escolares, como hace una gran petrolera española; sin duda para mantenernos ocupados cerca de sus intereses.

Ante todo esto, no sirve una educación ambiental exclusivamente verdeada, muy presente en la actualidad. Esta inclinación de potenciar la naturaleza y lo verde se ha hecho mirando desde fuera. Son más generadoras de EA aquellas actuaciones que se interrogan sobre nuestro papel en el mundo. Reconozcamos de una vez que este es hoy biodiverso, complejo, con nuevas problemáticas que necesitan una EA crítica y competencial.

5. La necesidad de una Educación Ambiental renovada; aquí y ahora

De la escucha a las alianzas

En bastantes ocasiones, la educación formal, la no formal y la informal van cada una por su lado. Así, lo que se trabaja en la escuela, en una campaña de las administraciones o las ONG no se aplica en la vida corriente. Además, no se retorna a la ciudadanía si ha habido cambios en el compromiso ambiental. Si no existe la interiorización de que cada cual forma una parte de la solución, difícilmente avanzaremos. Decimos esto porque la autocomplacencia de hacer algo no puede oscurecer el espíritu crítico y comprometido. Si este se afianza como una competencia personal, se agranda, sin duda, la EA.

Bien es cierto que costará llegar con una adecuada EA ante las nuevas problemáticas que nos persiguen; siempre vamos con retraso. Más de una vez la razón del despiste global se debe a la falta de preparación de gestores y comunicadores, o a su propensión a ocultar lo que no les interesa. Ahora mismo, los pélets venían teñidos del ocultismo de los hilillos del Prestige. O singularmente grave es el ejemplo del Mar Menor; ha faltado sensibilidad social ante el envenenamiento masivo provocado por empresas sin escrúpulos y aumentado por administraciones sin formación ambiental. No sabemos si, al tiempo, la EA en la escuela se lleva a cabo en zonas limítrofes, si habrá generado cambios perceptivos, aunque sean en pequeñas dosis, si se habrá apoyado planes de seguimiento, si se habrá conseguido llegar a competencias y compromisos o todo lo contrario.

Solamente citar, de las muchas existentes, dos alianzas. La una proviene de Fuhem,[11] que ha aliado el trabajo de situaciones de aprendizaje con el complejo currículo escolar. Sin duda, una iniciativa para mirar, observar, debatir y experimentar en los centros escolares. De otro lado, la iniciativa Green-Comp. El marco europeo de competencias para la sostenibilidad[12] de la UE. Ambos proyectos son inspiradores de nuevas interpretaciones de la EA.

La pesada losa de la dimensión depredadora de la especie humana

No sería aventurado decir que casi los dos tercios de la población habrán participado en su centro o fuera de él en actuaciones ambientalistas, o en iniciativas de asociaciones de barrio o las ONG. Sin embargo, es muy difícil avanzar en la EA, interiorizarla sería la palabra adecuada, si la cultura global sigue pensando que el planeta nos pertenece y debe darnos todo lo que le pidamos. La finitud de los recursos es un hecho comprobado con datos. El crecimiento sin límites está desfasado a nada que miremos al presente futuro. El abuso de los combustibles fósiles va en contra nuestra y ahí seguimos. El individualismo existencial es traicionero para el medio ambiente. Dado que vivimos en una comunidad global, la sobredimensión de los problemas en los países pobres necesita ayuda financiera. Sus problemas ya son los nuestros: las migraciones aumentarán y pueden hacer que se tambaleen muchas cosas, también la EA y no digamos la Educación para la Sostenibilidad compartida. O si queremos hablemos del clima, del activismo climático y la represión a las activistas que defienden el patrimonio común. Varias acciones de escaso trastorno han sido judicializadas hasta extremos difícilmente comprensibles por la ciudadanía. Así no se favorece un sentimiento socioambientalista; más bien al contrario.

---

11   <https://www.fuhem.es/2023/07/19/situaciones-de-aprendizaje/>.
12   Comisión Europea, Centro Común de Investigación. *GreenComp. El marco europeo de competencias sobre sostenibilidad.* Oficina de Publicaciones de la Unión Europea, 2022. <https://data.europa.eu/doi/10.2760/094757>.

Mientras la transición ecosocial lleva a una EA renovada

Cualquier acción formativa debe escribir en letras grandes que la consideración de la interdependencia y la ecodependencia han de estar en el núcleo de la EA. Hay que evitar que fracasen las metas y los Objetivos de Desarrollo Sostenible, que tan lentos van en su consecución. Hemos de reflexionar sobre si los atropellos ambientales que limitan nuestra existencia, y la biodiversidad que nos acompaña, se arreglan mirando hacia otro lado o fiándolo todo a la ciencia.

Las entidades, empresas y administraciones deberían ser conscientes de que en muchas ocasiones los *lobbies* pueden más que la sensatez administrativa, que no siempre falla, que tampoco acierta a menudo.

Hay que reclamar el convencimiento de las administraciones, la permeabilización de los departamentos para no acometer acciones contrarias entre unos y otros desde el punto de vista socioambiental. Debería buscarse una complicidad de los entes locales, a veces desabastecidos de iniciativas. El Pacto Verde Europeo[13] y el nuevo estilo de la Educación Ambiental que promueve el Ministerio de Transición Ecológica y Reto Demográfico[14] están en la tarea. Pero no pueden hacerlo todo y están sujetos a determinadas coyunturas dentro de la UE.

La educación para la salud, con vectores ambientales muy graves, debe apoyarse en pedagogía del consumo y la vida. Debe entenderse que distintas contaminaciones merman considerablemente la salud, que las mentiras comerciales la atacan, que mejorando nuestra salud se mejora la del planeta, pues sin quererlo se realiza una asociación causal. Es importante saber y reconocer que consumir con salud es practicar compromiso ambiental o para la sostenibilidad.

Es inexcusable una mejora en la gestión ambiental de casi todo, en lo personal y en lo colectivo, pero las administraciones y la ciudadanía deben reconocer que la mejora en la gestión de servicios y domiciliaria no implica EA. A veces, es simplemente una optimización de recursos, que vistas las cosas es imprescindible.

---

13   <https://commission.europa.eu/strategy-and-policy/priorities-2019-2024/european-green-deal_es>.
14   <https://www.miteco.gob.es/es/educacion-ambiental.html>.

Una renovada EA debe suponer una hipótesis transicional de la vida

Hay que reconocer que del dicho al hecho va un largo trecho, que debemos actuar en EA sabiendo que es urgente y que los cambios drásticos se realizan lentamente. Ahora mismo se está redactando y se publicará de inmediato el Plan de Acción de Educación Ambiental para la Sostenibilidad (PAEAS).[15] Es misión de todos hacerlo posible.

Deberíamos apoyarnos en esa autoestima compartida que nos lleva a una educación más competencial. Saber y saber hacer en planos de igualdad para lograr una convención social. Para ello, las administraciones implicadas deberían comunicar los resultados de tal o cual actuación; también en el ámbito educativo.

No hay que fiarse de los resultados de encuestas. Hay mucha gente, escolares, que lo hacen cada día mejor, pero deberían ser la mayoría. Está en juego el presente futuro. Los simples números valen poco. No niego la mayor, solamente comunico lo que he leído. Me haría una pregunta clave: ¿Somos mejores ciudadanos ecosociales y biodiversos que hace cuarenta años cuando nos reunimos en Sitges? Ante estas dudas hay que leer *Reimaginar juntos nuestros futuros. Un nuevo contrato social para la educación.*[16] Más bien debemos llevar a cabo evaluaciones serias, muy debatidas sobre sus instrumentos y esclarecedoras en las rúbricas que se evalúan.[17]

Hemos de superar el eslogan *Salvemos el planeta* que el señor Guterres, secretario general de la ONU, lleva tanto tiempo pidiendo. Acaba de lamentar en Davos la pérdida de la fe ecosocial en la política y el riesgo de que esta decepción nos conduzca a un mundo caótico. El planeta vive en una entropía permanente, si bien sus criaturas nos agradecerán que consigamos una renovada Educación Ambiental o para la Sostenibilidad. Somos conscientes de que el entramado ecosocial se va deteriorando. Si no actuamos, cada vez tendremos menos tiempo. A pesar de todo hemos de

---

15   <https://www.miteco.gob.es/es/ceneam/plan-accion-educacion-ambiental.html>.

16   <https://unesdoc.unesco.org/ark:/48223/pf0000382765_spa>.

17   Comisión Europea, Dirección General de Educación, Juventud, Deporte y Cultura. *Sostenibilidad en la educación escolar: evaluación del aprendizaje y de las competencias de los estudiantes: mensajes clave*, Oficina de Publicaciones de la Unión Europea, 2023. <https://data.europa.eu/doi/10.2766/29948>.

intentarlo. Viene bien darle una vuelta a aquella frase del controvertido filósofo y escritor irlandés Edmund Burke (siglo XVIII): no desesperéis jamás y, si desesperáis, seguid trabajando.

Quizás serviría leer con detenimiento aquello que editó la ONU *Transformar la educación para el futuro*.[18] Todo para acercarnos a la posibilidad de transicionar a una vida comprometida, más afable sin duda y menos estresante para el conjunto de seres vivos. Merece la pena mantener la hipótesis, aunque sabemos que no será fácil ni rápido. Pero a la vista está que ni nosotros ni la biodiversidad que nos acompaña tenemos un planeta B al que huir si se produce un colapso en el que fastidiamos ahora.

6. Los jóvenes y el medioambiente: la poliédrica educación ambiental

Un poco de la experiencia propia para aventurar las percepciones de los jóvenes sobre el cambio climático

Calificar de poliédrica la Educación Ambiental por parte de alguien que ha dedicado cuarenta años de su vida docente a imaginarla suena demasiado fuerte y algo decepcionante. Permítaseme el atrevimiento de repasar mi experiencia docente en este tema. En esta aventura se intentará evitar que algo de lo que diga pueda molestar. Especialmente a mucha gente que también se ha movido en la educación para el cambio de percepción ambiental, de cara al compromiso individual o colectivo. Además, lo voy a llevar a cabo con el evidente riesgo que supone contrastar la posible cultura social con el incierto sentir escolar. Vamos a arriesgarnos.

De entrada, diré que no me exculpo por lo que aquí presento, que es una reflexión sobre la acción educativa. Diré que he cambiado muchas veces de metodología, asumido temáticas nuevas, participado en muchos foros ambientales, escrito más de mil artículos sobre este tema, publicado varios libros. He participado —aprendido— en grupos heterogéneos de educación ambiental junto a catedráticos de universidad y profesorado

---

18   <https://unesdoc.unesco.org/ark:/48223/pf0000382765_spa>.

desde Infantil hasta Secundaria. Hemos caminado con ilusión en proyectos con un largo etcétera de maestras y maestros, admirables siempre. Nos preguntábamos qué era o debía ser la EA, siglas que agrupan todas las caras de este que llamo *poliedro global*.

Allí coincidíamos maestros y maestras, queriendo aprender y siendo a la vez reivindicativos en la búsqueda de la mejor pedagogía ambiental. Si es que existe. Luego lo que va detrás no me exime de «lo no bien hecho», sino al contrario. Me hace preguntarme acerca de cómo lo podríamos hacer mejor. Quizás, el público con el que trabajamos parecía feliz implicándose y nos estaba engañando. También en eso he fallado porque no supe preguntarles ni mirarlos a los ojos detenidamente.

No significa esto que me autoinmole en la pira ambiental y por la sostenibilidad, sino todo lo contrario. El tiempo que me queda trataré de enmendarlo. Así es que si hay personas que piensan que he tenido algo de maestro en aventura ambiental que no se decepcionen.

También me digo a menudo que si el compromiso ambiental no ha impregnado como debiera en el profesorado y el alumnado ha sido porque teníamos muchos contrarios en la compleja sociedad de cada momento. La EA era considerada un adorno bonito que apenas era objeto de análisis evaluativo. Estaba desprendida del currículo; era algo que se hacía además de, incluso muchas veces al margen de. Nunca llegó a ser el núcleo central de la acción formativa de las personas. Vamos a explicarlo porque así leído parece un epitafio.

No sé cómo llegué a interesarme por la EA. Procedo de una tierra esteparia en donde para la evaluación de lo por hacer y lo hecho se utiliza una pregunta clave: *¿Pa qué?* Crecí en entornos no muy alejados de los que Miguel Delibes reflejaba en *El camino* o *Las ratas,* pero no lo sentía así. Nosotros éramos un eslabón más de la entropía biológica, aunque alguna vez cazábamos con poco respeto.

Cuando empecé a trabajar, surgieron muchas dudas, la inexperiencia me las demostraba. En las escuelas de los pueblos en donde estuve fui consciente del asunto. La formación científico-pedagógica me preguntaba qué debería tener todo proceso reflexivo o investigativo. Me susurraba que, al menos, una hipótesis a comprobar. Nada se decía entonces sobre el cambio climático, pero sí se barruntaba que podría ser cierto aquello que

ya vio A. Humboldt en su periplo americano.[19] Por cierto, ningún ense-
ñante ambiental debería dejar de leer *La invención de la naturaleza* de
Andrea Wulf, algo así como una especie de *alter ego* del geógrafo alemán.

Tal método no fue así al principio. Daba (dábamos) por hecho que
trabajar lo ambiental, lo natural si se prefiere para nuestros inicios, había
de ser forzosamente bueno para los escolares y para el entorno en el que
habitaban. Por eso salía con frecuencia al campo con mi alumnado, pero
después me di cuenta de que lo utilizaba únicamente como recurso para el
conocimiento o ilustrador de lo aprendido en clase. Por aquellos tiempos
no se hablaba de lo global, aunque sí de la globalización escolar mientras
el currículo se troceaba en multitud de materias. Grave error de cálculo
como la experiencia me demostró a lo largo de los años. La educación no
es una acción de reparto masivo de recipientes llenos de lo natural o ambiental y allí el alumnado bebe y se impregna de un compromiso de respeto por lo enseñado.

Debatíamos en las escuelas de verano si, incluso nosotros y el alumnado
acompañante, no debíamos convertirnos en una especie de luchadores del
ejército ambiental. ¿Cómo podíamos ser tan atrevidos? Debo decir que no me
confundí solo, también los grupos a los que pertenecí. Como relatar todo lo
acontecido es imposible, digamos que las acciones no fueron suficientemente
evaluadas, muchas veces ni siquiera se explicitaba una hipótesis previa.

Hemos constatado que, en ocasiones, la práctica llega a ser una mera
anécdota emotiva, bien necesaria, pero insuficiente en la vida de los
escolares

Ahora mismo, cuando leo las aportaciones en jornadas de EA veo que,
cuarenta años después de las I Jornadas de Educación Ambiental de Sitges (1983) pocas cosas han cambiado. Siguen primando los paseos naturales o prácticas poco comprometidas con los residuos, útiles para vivir
emociones personales pero que escasamente abordan la necesaria transición ecosocial, tan urgente.

---

19   C. Conde (2010). *Humboldt y el cambio climático*. Universidad Veracruzana
<https://www.uv.mx/cienciauv/blog/humboldt-y-el-cambio-climatico/>.

Hemos constatado que, en ocasiones, la práctica llega a ser una mera anécdota emotiva, bien necesaria, en la vida de los escolares. Sin embargo, no se debe criticar sin más, pues los procesos de transición no tenían (tienen) un distintivo común que los ligase (ligue) al espíritu transformador y comprometido hacia la EA. Por ejemplo, dábamos por supuesto que la visita, bien fundamentada y preparada, a una planta de tratamiento de residuos o de saneamiento de aguas, las depuradoras, generaba una reducción del consumo y una cierta experimentación en el triaje domiciliario. O que completar un itinerario en la naturaleza suponía un nexo de respeto ambiental para siempre. La realidad es que en nuestra evaluación tras las salidas se contaban más cosas no buenas que emociones del alumnado; de los aprendizajes no conceptuales no se hablaba. No abundaban las experiencias, positivas o negativas, en la valoración del alumnado, al margen de la expansión en libertad, que también era necesaria. No llegábamos a ser como aquel maestro de *La lengua de las mariposas*.

Lo anterior, que podría atribuirse como característica de la EA del pasado, puede considerarse un ejemplo en los trabajos operados ante el cambio climático. Elegimos esta cuestión por ser una de las más relevantes para llevar a cabo una radiografía social de la España de 2024. Podíamos haber elegido otras como movilidad y salud, contaminación y deterioro de los cauces de agua, pérdida de biodiversidad, etc.; en suma, aquello que cuentan los ODS. En la búsqueda de identidades climáticas llevan investigando hace años grupos variados, como el de la Universidad de Santiago de Compostela liderado por Pablo Meira. Nada mejor que lo que sus equipos han realizado[20] para entenderlo. Casi hubiera servido para hacer nuestro análisis leer *Educación ambiental y cambio climático*.[21] Pero como somos atrevidos vamos a intentar establecer conexiones entre lo escrito y lo dicho, también nos fijaremos en la publicaciones del Instituto Elcano que vamos a comentar más abajo.

20 M. García de la Fuente (2022). «¿Qué saben los estudiantes sobre el cambio climático?». *El Confidencial* (27/06/2022). <https://www.elconfidencial.com/medioambiente/clima/2022-06-27/cambio-climatico-educacion-estudiantes_3449412/>.
21 Meira *et al.* (2010). *Educación ambiental y cambio climático Respuestas desde la comunicación, educación y participación ambiental*. FECYT. <https://www.miteco.gob.es/content/dam/miteco/es/ceneam/grupos-de-trabajo-y-seminarios/respuestas-desde-la-educacion-y-la-comunicacion-al-cambio-climatico/6_B_%20Santamarina_Percepcion_social_CC_Valencia_red_tcm30-70598.pdf>.

En síntesis, por no seguir con lo personal pues puede no ser significativo, digamos que, desde mi perspectiva, algo común ha marcado demasiado los intentos educativos de EA. Barrunto que uno de los impedimentos para generar más proximidad emotiva y comprometida hacia lo ambiental ha sido el sesgo catastrofista de la EA. Así, las miradas reflejadas en casi todas las caras del poliedro ambiental han sido llevadas a cabo desde una perspectiva de malas noticias o problemas detectados. Seguramente intentando resaltar una mala práctica y buscar la contraria. Quizás pecamos de incautos al suponer que enseñando contenidos o problemas se generaban actitudes proambientales. Esta dinámica —que veo en bastantes experiencias propias— ha saturado a los individuos y ha llevado a una desvinculación del tema, sea por cansancio o por la percepción de la escasa importancia de la acción personal frente al desaire colectivo hacia lo ambiental; ahora diríamos mejor ecosocial.

Además, especialistas de salud infantil alertan del «déficit de naturaleza»[22] que padecen ya buena parte de los niños y niñas que viven tanto en países ricos como menos ricos o pobres.

7. La educación ambiental da poco fruto climático en los jóvenes

Insistimos en que uno de los impedimentos para generar más proximidad emotiva y comprometida hacia lo ambiental ha podido ser el sesgo catastrofista de la EA.

Puede haber influido que el profesorado estaba demasiado seducido por el rédito inmediato, cuando la EA es un trayecto a largo plazo que necesita un grupo sólido y el acompañamiento social, recurrente curso tras curso. También ha podido suceder que se hayan adherido demasiadas intenciones no básicas, y no las más cercanas al fomento de la autoestima personal. También me formulo una pregunta difícil de responder: de qué manera han influido los idearios de los centros concertados o privados frente a los públicos. En realidad, ¿qué pensaban los jóvenes sobre el medio

---

22 <https://www.rtve.es/noticias/20220607/deficit-naturaleza-ninos/2357515.shtml>.

ambiente según el *Eurobarámetro,*[23] de 2007 a 2024. Hablaremos del asunto más adelante. En fin, que aquí lo dejamos.

¿Qué relación puede tener la parte de la historia personal anterior con lo concluido en dos investigaciones? Vamos a contrastar lo aquí enunciado con los resultados de dos cuestionarios llevados a cabo por el Instituto Elcano. Empezaremos por lo más próximo: la reciente encuesta sobre el cambio climático y la transición energética[24] realizada en 2023. Su lectura proporciona datos sobre el conocimiento, las actitudes y la disposición de los ciudadanos españoles de cara a su implicación en la mitigación y en la adaptación al cambio climático. Se nos dirá que es una visión reduccionista; puede que sea así, pero a nosotros nos interesa para contrastar con aquellas dimensiones educativas de la EA de cuarenta años para acá que habíamos desgranado al principio. Tenemos la impresión, casi la convicción, de que buena parte de las personas que respondieron al cuestionario se habían visto implicadas, en mayor o menor grado, en prácticas educativas que abordaban valores ambientales, incluso sobre el cambio climático en concreto.

Veremos cómo se representa en los resultados de 2023 tanto las percepciones de si se nota ya el cambio climático y de qué forma coincide en localidades pequeñas o ciudades grandes. También esa valoración es diferente según ideología y escala NEP (conciencia ambiental). Por otra parte, suponemos que, si la sociedad mantiene una cultura/percepción general determinada ante el cambio climático y la transición energética, esta generará una influencia marcada en la educación no formal y en la formal: motivará climatización de contenidos escolares, percepción social que reclama otra educación, formación de alumnado hacia el futuro, permeabilidad familiar, deseos de transición social, y bastantes más que se podrían añadir.

Hechas estas salvedades, con el aviso de que es una visión personal, vamos a rescatar lo que de los cuestionarios se extrae. A veces, copiaremos

23 <https://www.europarl.europa.eu/at-your-service/es/be-heard/eurobarometer>.
24 Lázaro *et al.* (2024). *Los españoles ante el cambio climático y la transición energética* <https://www.realinstitutoelcano.org/analisis/los-espanoles-ante-el-cambio-climatico-y-la-transicion-energetica/>.

textualmente algunas de sus conclusiones o datos para no realizar una interpretación excesivamente subjetiva.

La encuesta se fija en una serie de ámbitos referenciales para la percepción general:

A. La visión ambiental de los encuestados, sus percepciones y conocimiento sobre el cambio climático

B. El impacto de sus amigos, familiares y compañeros de trabajo en sus actitudes frente al mismo

C. Sus prioridades en materia de adaptación a los efectos del cambio climático

D. Su disposición a pagar para internalizar las externalidades derivadas de las emisiones del transporte (público y privado)

E. Sus hábitos de consumo. Por ahora solo disponemos del resumen; será necesario esperar para conocer el informe completo y llevar a cabo una adecuada lectura.

Se pueden adelantar unas cuantas ideas del resumen provisional:

- El cambio climático es, según los ciudadanos españoles, la segunda mayor amenaza a la que se enfrenta el mundo tras los conflictos armados. Si comparamos estos datos con los de 2019, en 2023 los encuestados que mencionan el cambio climático como la mayor amenaza a la que se enfrenta el mundo son menos de la mitad que en 2019 (de 37 % en 2019 a 16,3 % en 2023). Nota: en 2019 no se incluían las guerras como amenaza.

- La inmensa mayoría de los españoles (el 93 %) considera que el cambio climático es una realidad. Pero hay un pero que puede tener mucha influencia en la cultura colectiva: aumentan las personas que niegan su existencia entre 2019 (3 %) y 2023 (7 %).

- Se evidencia una brecha persistente entre preocupación y acción. A la pregunta planteada sobre el grado de acuerdo con «los humanos somos los principales responsables del cambio climático porque usamos carbón, petróleo y gas» ha decaído el porcentaje (8,5 menos que en la encuesta de 2019), lo cual no deja de ser peligroso habida cuenta de que cada día se sabe más sobre esta relación.

Pero, además, solo el 48 % de los encuestados afirma que cada uno de nosotros es «muy responsable» (frente a un 54 % en 2019), si bien otro 45 % afirma que somos «algo responsables» y un 8 % indica que no somos «nada responsables», un porcentaje similar a aquellos que niegan la existencia del cambio climático.

- Parece que el 86 % de los españoles consultados apoyan la acción climática a través de leyes, planes y estrategias. Un dato interesante: el 70 % de las personas entrevistadas están de acuerdo o muy de acuerdo con que el gobierno invierta en zonas que reduzcan su actividad empresarial ya sea por los efectos que causan al cambio climático o como consecuencia de las políticas de lucha contra el mismo.

- En un sistema de valores suele aflorar una capacidad autopercibida para actuar. En el cuestionario que estamos comentando aproximadamente la quinta parte de los encuestados afirma que tiene margen para ahorrar energía y agua. El 31 % indica también que están muy de acuerdo con la afirmación «mis decisiones son importantes para el medio ambiente». Como apunta la figura 5, los españoles están divididos aproximadamente a partes iguales sobre el efecto económico de las medidas contra el cambio climático, así como acerca de su disposición a pagar más, tanto por el uso del transporte público como del transporte privado.

Por lo que parece, los resultados comentados aquí están en la línea de otras encuestas internacionales, como el *Informe sobre Riesgos Globales 2024*[25] del Foro Económico Mundial. Para quienes tengan curiosidad si la escuela tiene algo que decir, el informe señala los fenómenos meteorológicos extremos derivados del cambio climático como la segunda amenaza global en el horizonte de dos años y el riesgo principal en el largo plazo, junto con el cambio en los ecosistemas terrestres, la pérdida de biodiversidad y la escasez de recursos naturales.

Seguro que sobre estas cuestiones se están desarrollando en España muchas situaciones de aprendizaje escolar. ¿Serán relevantes en el futuro,

---

25 <https://es.weforum.org/agenda/2024/01/informe-sobre-riesgos-globales-2024-los-riesgos-aumentan-pero-tambien-nuestra-capacidad-de-respuesta/>.

cambiarán el estancamiento o ciertos retrocesos en la participación? Nos gustaría que fuese realidad el optimismo ambiental de que los jóvenes, un espejo social no lo olvidemos, cambian la percepción de sus mayores ante el cambio climático.[26] Soñamos que una nueva cultura reclimatizadora envuelva a la sociedad europea.[27]

En qué momento ecosocial se encuentra la escuela de hoy y del futuro

La escuela, la enseñanza formal es como es, y resuelve como puede sus problemáticas. No se puede generalizar, sino anotar que, en conjunto, ha perdido la trascendencia que en otro tiempo tuvo. ¿Alguien se atrevería a afirmar hoy, 2024, que la escuela hace sociedad en los principales aspectos ecosociales? A pesar de las buenas intenciones, nos cuesta *Reimaginar juntos nuestros futuros. Un nuevo contrato social para la educación.*[28] ¿Puede la educación formal quedar al margen de la sociedad o debe implicarse en una corriente de acción que no se ve fuera de la escuela si exceptuamos colectivos de gran compromiso?

Las discrepancias analizadas obligan a concretar los obstáculos que impiden la traducción de esta conciencia ciudadana en una mayor disposición a actuar y pagar. Sin tardar, pues algunos se intuyen y pueden eliminarse sin causar graves estropicios. De lo que sí estamos seguros es de haber transitado desde la práctica de una EA naturalista hacia una incógnita ecosociedad que construimos globalmente.

Quizás, el título de este artículo debería haber dicho «parece que da poco fruto» si los resultados de los cuestionarios fuesen generalizables. En el caso concreto del cambio climático, como eje de vida ecosocial, sí da poco fruto. ¿Cómo se entiende si no que las actitudes y los compromisos de participación ante la crisis climática sean tan bajos? En mi opinión,

---

26 J. Alquézar (2020). *La juventud ante las políticas europeas de medio ambiente.* Observatorio de la Sostenibilidad Fundación Cristina Enea. <https://www.miteco.gob.es/eu/ceneam/recursos/pag-web/juventud-politicas-europeas-medio-ambiente.html>.

27 The Circular Lab (17/05/2019). *Los jóvenes frente al cambio climático en Europa.* <https://www.thecircularlab.com/los-jovenes-frente-al-cambio-climatico-en-europa/>.

28 <https://unesdoc.unesco.org/ark:/48223/pf0000379381_spa>.

falta conexión entre esas imágenes de acciones ambientales que componían las múltiples caras de la figura geométrica que compone lo ambiental, en la que por cierto dominan los verdes y un poco los azules acuáticos.

Opino que las conexiones entre los planos de acción representados serían las no explícitas actitudes que se han podido trabajar/formalizar en las distintas actuaciones; o los valores de la cultura social que se han puesto en cuestión. Valdría como ejemplo los límites al crecimiento. Recordamos que aquí aportamos una revisión demasiado simplista: la sociedad y la escuela son partes del mismo sistema los hemos equiparado si bien no siempre van al unísono.

Pero si se hubiese construido/impulsado un sistema de valores autónomo, basado en la participación y el compromiso, quizás se encuadraría el cambio climático en la vida de las personas y sociedades. Sin duda, algunos profesores y profesoras que han movido la esencia socioambiental desde Infantil hasta la universidad no estarán de acuerdo con este análisis; puede que organizaciones socioambientales tampoco. Es posible que estén en lo cierto: la evaluación de la EA también es poliédrica.

8. Repensar lo avanzado en la Sostenibilidad en la Universidad

Hace ya años que se hablaba de la necesidad de incluir la Educación para la Sostenibilidad, plena y con garantías de continuidad, en los planes de enseñanza obligatoria y posobligatoria. El deseo, expresado por muchos profesores y profesoras, se materializó, promovido entre otros por Javier Benayas, catedrático de Ecología de la Universidad Autónoma de Madrid, en forma de un incipiente Plan de Acción de Educación para la Sostenibilidad (PAEAS), impulsado desde el Ceneam (Centro Nacional de Educación Ambiental) del Ministerio de Transición Ecológica y Reto Demográfico. Al poco tiempo se organizaban equipos de discusión. En uno de ellos, se abordaba la posible intervención en educación obligatoria; en otro en la educación universitaria. Para debatir sobre este ámbito se creó un equipo de trabajo, del que tuve el privilegio de formar parte. En él se incluían profesores y profesoras de varias universidades españolas, relacionados con el deseo de convertir sus campus en escenarios de sostenibilidad. Se coordinaron para detectar los problemas más visibles y encontrar posibles soluciones.

Lo que aquí sigue, que es de autoría compartida por más que no se citen todas las personas, es un resumen de los aspectos más relevantes, a la vez que un homenaje a quienes allí estuvieron. Compusieron una selección de prioridades que eran deseos firmes. Parte de ellas ya se habrán encaminado en algunas universidades o en todas; algunas quizás no se han podido llevar a cabo o el tiempo las ha arrinconado.

Sin ánimo valorativo, sino simplemente como reconocimiento a lo trabajado con tanto interés por el Grupo de Universidades, en parte para divulgarlo entre todas las comunidades educativas —no solo entre las academias—, se extracta aquí una parte del trabajo realizado. También para animar a las universidades españolas o latinoamericanas que no hayan emprendido el camino de la sostenibilidad a que se den prisa; si no se aborda pronto, puede que se escape de nuestra vista. Esto, sin duda, sería lamentable.

El trabajo aludido había agrupado los problemas detectados en cinco ámbitos de reflexión/intervención: política universitaria para convertir las universidades en agentes de cambio; formación del profesorado para hacer realidad una universidad impregnada de sostenibilidad; investigación pasada o futura sobre sostenibilidad; gestión sostenible y compartida de los campus universitarios; transferencia a la sociedad de la sostenibilidad vivida e investigada en cada universidad.

Lo que a continuación se cuenta es la relación de lo acordado. No tiene ningún carácter evaluativo ni pretende ser una originalidad objetiva; tanto dificultades como propuestas son una selección. Es simplemente un ámbito más para la reflexión.

1. Dificultades detectadas en política universitaria hacia la sostenibilidad

    1.1. Diagnóstico de la situación

    • Todavía son pocas las universidades españolas que tienen la Sostenibilidad y los 17 ODS como principios rectores o líneas de actuación prioritarias de la institución académica

    • No existen partidas presupuestarias específicas y permanentes destinadas al fomento de la sostenibilidad universitaria.

    • La sostenibilidad no se tiene en cuenta en la evaluación de los resultados globales de la universidad.

- Falta reconocimiento a aquellas personas o iniciativas que son un referente para impulsar la sostenibilidad en la universidad o en la sociedad.

- La comunidad universitaria presenta un nivel bajo de sensibilización e implicación con acciones de sostenibilidad. Buena parte de las universidades carecen de una Agenda 2030, como mucho una agenda de sostenibilidad ambiental, otra de cooperación, otra de igualdad, etc.

1.2. Posibilidades de intervención: se limitan a las cuatro o cinco más nombradas en cada caso. Se priorizan:

— Adoptar decisiones para integrar la sostenibilidad en su estructura.

— Definir partidas presupuestarias específicas destinadas a desarrollar actuaciones de sostenibilidad.

— Definir criterios para orientar a los miembros de la comunidad universitaria a un mayor compromiso socioambiental.

— Impulsar una acreditación o sello de calidad institucional de sostenibilidad de las universidades españolas que incorpore gestión, docencia e investigación.

2. Formación

2.1. Diagnóstico de la situación

- La oferta formativa vinculada a las temáticas de sostenibilidad, cambio climático y problemáticas ambientales es limitada y no presta especial atención a la formación integral y al servicio a la sociedad.

- Las competencias y resultados de aprendizaje previstos en los planes de estudios de Grado y Máster atienden escasamente aspectos de sostenibilidad, ODS y Cambio Climático.

- La formación de PDI, PAS y *staff* en materia de sostenibilidad es insuficiente, limitada y mejorable.

- Los procesos de evaluación y acreditación de titulaciones, centros, servicios, departamentos y recursos humanos soslayan los aspectos de sostenibilidad.

- Se constata una limitada financiación de las acciones de coordinación del trabajo de las redes sobre sostenibilidad universitaria.

2.2. Posibilidades de intervención

— Incrementar la oferta formativa sobre sostenibilidad en titulaciones de Grado y Máster.

— Formar profesorado joven y senior en sostenibilidad, ODS y cambio climático.

— Incrementar la oferta formativa complementaria no oficial sobre sostenibilidad.

— Incrementar el número de TFG, TFM y tesis doctorales relacionados con la sostenibilidad.

— Promover acciones de coordinación interuniversitaria e intercambio docente de buenas prácticas en sostenibilidad.

3. Investigación

3.1. Diagnóstico de la situación

- Existe una tendencia generalizada en los equipos y proyectos de investigación que se desarrollan en las universidades españolas que prioriza lo disciplinar; muy pocos de ellos se estructuran sobre el tratamiento multidisciplinar de los grandes retos planteados por la Agenda 2030 y los 17 ODS.

- Los resultados obtenidos en las investigaciones llevadas a cabo en la universidad pocas veces tienen difusión social o aportan soluciones concretas a los retos o problemas a los que se enfrenta la sociedad. Es importante retomar el papel de la universidad como faro de referencia que contribuya a la solución de los problemas de insostenibilidad a la que nos enfrentamos.

- La universidad no cumple la función de servir de laboratorio de referencia de nuevas prácticas o modelos técnicos y sociales de sostenibilidad.

- Se identifica una baja colaboración entre las universidades y otros sectores administrativos o productivos.

3.2. Posibilidades de intervención

— Crear un espacio de conexión (o plataforma) interdisciplinar entre personal docente investigador, orientado a poner sus capacidades al servicio de los retos de la sostenibilidad.

— Crear grupos de investigación interdisciplinares e interfacultades para abordar de forma colaborativa los retos específicos de alguno de los 17 ODS.

— Convocar proyectos institucionales de investigación con el objetivo de identificar e impulsar líneas de colaboración universidad-empresa en la implementación de los ODS.

— Identificar y divulgar los resultados obtenidos de los proyectos de investigación relacionados con los ODS.

4. Gestión

4.1. Diagnóstico de la situación

- Las universidades basan su funcionamiento en sistemas de gestión poco sostenibles, con elevados consumos de recursos no renovables. A la vez, se despreocupan de reducir su significativa contribución al cambio climático provocado por sus actividades docentes y de investigación.

- Pocas universidades siguen una gestión ecológica de sus edificios, campus y su entorno. Casi ninguna parte de la evaluación de los servicios que necesitan y proveen, buscando el balance neutro en descarbonización.

- Aunque las universidades españolas han realizado importantes esfuerzos en incorporar criterios de sostenibilidad en muchos ámbitos de gestión de sus campus, aún quedan dimensiones en las que es necesario hacer importantes esfuerzos.

4.2. Posibilidades de intervención

— Reducir las emisiones de carbono y definir medidas de disminución y compensación.

— Promover entre la comunidad universitaria una percepción de implicación de la universidad con la sostenibilidad mediante acciones para que el campus se convierta en una zona verde biodiversa y un espacio docente y de convivencia.

— Incorporar criterios de sostenibilidad en la compra pública y en la adjudicación de servicios.

— Promover una mayor eficiencia energética.

— Incentivar una movilidad más sostenible entre la comunidad universitaria.

5. Transferencia a la sociedad

5.1. Diagnóstico de la situación

• La universidad no está desempeñando en la sociedad que la mantiene un papel fundamental en la generación de cultura de sostenibilidad, ni como centro de investigación social aplicada; pocas veces comunica lo que sabe sobre las problemáticas ni tampoco ejerce su liderazgo en el necesario tránsito hacia la sostenibilidad.

• Además, la universidad debe realizar una transición hacia las preocupaciones del territorio: que responda a las demandas sociales de su área de influencia, que se abastezca de sus recursos y que no la llene de residuos, que haya comunicación recíproca, que conecte con el resto de las instituciones corresponsabilizándose de hacer un mundo mejor mediante el cumplimiento de la Agenda 2030.

5.2. Posibilidades de intervención

— Extender a la ciudadanía el compromiso e invitar a su participación en la tarea colectiva, así como la constitución de alianzas con agentes administrativos y sociales.

— Difundir el compromiso de la Universidad por la sostenibilidad.

— Definir las líneas básicas de la Responsabilidad Social Universitaria.

— Apoyar, en forma de una declaración institucional, los proyectos de Aprendizaje Servicio sobre Sostenibilidad y los distintos ODS de la Agenda 2030, en las programaciones docentes, prácticas externas, en los TFG y TFM.

P. D.: De todo este proceso, y del equipo que intervino, encontrarán cumplida información en el enlace[29] que más abajo adjuntamos. De forma especial por lo que se refiere a sostenibilidad y universidad entre las págs. 39 y la 43, son las aportaciones; de la 64 a 66 se relacionan las expertas y expertos que debatieron para llegar a la elaboración de este documento.

9. Los ODS como oportunidad para la educación superior

Cuesta afirmar rotundamente o negar de plano la posible virtualidad del espíritu ODS en la Educación Superior. Nuestras universidades son extremadamente complejas; casi nos atreveríamos a decir que cada vez más, tanto en sus componentes, el orgánico y el de gestión, como también en las interacciones de las personas, acaso al lado/frente a las corrientes sociales que tanto las condicionan. Por eso, se agradece la publicación que aquí vamos a presentar. Se trata del libro *Guía práctica de ambientalización curricular. Los ODS como oportunidad para la educación superior* que coordi-

---

29 <https://www.miteco.gob.es/content/dam/miteco/es/ceneam/plan-accion-educacion-ambiental/paeas-expertos2.pdf>.

naron José Gutiérrez Pérez y María de Fátima Poza Vilches, editado por Octaedro a finales de 2023.

En el prólogo, los coordinadores sostienen como evidencias incuestionables todo el conjunto de situaciones difíciles, riesgos, catástrofes y contratiempos que constata el mundo científico y afectan a la vida de todos los seres. Particularmente, aunque se piense con un egoísmo bienintencionado, se han instalado en nuestras vidas; en lo colectivo y en aquello que afecta a cada persona en particular. Constatan los coordinadores que, a pesar de ser conscientes de este punto irreversible de la historia, no hemos sido capaces —ni instituciones ni ciudadanía— de encontrar aún soluciones efectivas a los grandes problemas ambientales que aquejan al planeta en su consideración de ser vivo con una entropía permanente.

Las evidencias deberían haber conducido a otras prácticas adaptativas o mitigadoras. En muchos casos no han ido mucho más allá de múltiples acuerdos y declaraciones de buena fe sobre asuntos graves de convivencia ecosocial: cambio climático, pobreza extrema y desigualdades, migraciones por recursos, guerras y conflictos armados, pérdida de biodiversidad. Eso sí, lo que podríamos identificar todavía como oxímoron «desarrollo sostenible global», inunda la vida cotidiana y el lavado verde; qué decir de su presencia en los foros políticos, científicos, en su tratamiento con intenciones diversas en los medios de comunicación.

Este libro no es un compendio de ideas bien explicadas. Tiene trascendencia porque muestra los resultados del proyecto *Sostenibilidad en Educación Superior. Evaluación del alcance de la Agenda 2030 en la innovación curricular y el desarrollo profesional docente en las universidades andaluzas*. Nos aporta una muestra representativa, variada y con distintos grados de complejidad, de las propuestas desarrolladas dentro del proyecto en el marco de la planificación curricular. Hay que aplaudir esa intención de los coordinadores, compartida con una parte de la comunidad universitaria que desea la Institucionalización progresiva de la ambientalización en las organizaciones universitarias; que se encuentra con obstáculos, pero no quiere dejar de transitar hacia ella. Esta intención formativa y experimental, compone un modelo de marco estratégico y metodológico diferente sobre la sostenibilidad, máxime en el ámbito universitario. A partir de lo planificado, realizado e investigado, se articula el proceso de enseñanza-aprendizaje con el fin de que este sea exitoso y significativo.

Como muestra de estas intenciones, vamos a reproducir íntegramente las cuestiones a las que se pretendía dar respuesta en el contexto de acción educativa universitaria:

- ¿Cómo se pueden abordar objetivos de aprendizaje desde una perspectiva sostenible?

- ¿Qué contenidos hemos de tener como referentes para la ambientalización curricular?

- ¿Desde qué marco competencial hemos de favorecer la inclusión de la sostenibilidad en la práctica docente y en el proceso de aprendizaje del estudiantado?

- ¿Cuáles son las prescripciones metodológicas que han de regir un proceso de enseñanza-aprendizaje sostenible?

- ¿Qué sistemas de evaluación han de aplicarse para ejercer evaluaciones desde una lógica de calidad centrada en la mejora y en la sostenibilidad?

- ¿Cómo se favorece la aplicabilidad y viabilidad de estas prácticas?

- ¿Y qué buenas prácticas se están implementando en las universidades andaluzas en el marco de la sostenibilidad?

Añadamos que el libro se estructura en quince capítulos para responder a los diferentes retos que pueden ayudar a que los ODS lleguen antes o después, con mayor o menor convencimiento, con estadios de desarrollo diferentes según los puntos de partida. Con esa intención se abordan cuestiones que afectan a la planificación general; otros se detienen en los contenidos más amables hacia los ODS; no se olvidan de abordar la necesidad y a la vez la complejidad de las competencias; se preguntan si unas metodologías sostienen mejor las intenciones de sostenibilidad; no se olvidan de la evaluación de proyectos, desarrollo de estos e implicación del profesorado y del alumnado; se detienen de forma especial en las prácticas curriculares. Tampoco podía faltar aquí una alusión a los trabajos de fin de grado y de máster, pues estos contextos facilitan la aproximación del alumnado y profesorado a estas temáticas. También se mira a las facultades como idealización educativa en el abordaje de esa compleja integración de los ODS en la enseñanza universitaria. Incluso terminan las aportaciones con un apartado sugerente, que debe leer todo el profesorado y compartir con el alumnado: pildoras de autoformación en Objetivos de Desarrollo Sostenible.

Aunque solo sea a título de reconocimiento de las aportaciones de distintas personas o departamentos digamos que se recogen investigaciones concretas y detalladas sobre cada uno de los aspectos antes nombrados. Tienen una dimensión educativa más importante todavía: han sido desarrollados por equipos multidisciplinares en cada una de las universidades andaluzas en los que se han llevado a cabo. Es una recopilación para el disfrute «odsiano» en estos momentos en los que la dejadez política, empresarial y ciudadana parece que los ha olvidado. ¡Hasta la escarapela circular que se prendía en chaquetas y vestidos ya no se ve! Por eso podríamos saludar a cuantos profesores y profesoras se han implicado en aquella quimera educativa y social de «si se quiere, se puede». Así pues, gracias a quienes nos enseñan de manera altruista sus prácticas renovadoras, que pueden ser trascendentales para que el alumnado universitario recuerde que un mundo global debe asentarse tanto en esperanzas de transición ecosocial como en experiencias vividas.

Solamente nos queda decir que estas aportaciones deberían estar presentes, ser conocidas y algunas replicadas, en las distintas universidades españolas, sea cual fuere su grado de aproximación global o particular a los ODS. Además, es de los pocos trabajos tan bien estructurados que tenemos de acceso libre. Basta con entrar en Octaedro[30] para descargar el texto completo, para encontrar en el listado aquellos trabajos de investigación y práctica que puedan servir más en el desarrollo del empeño «odsiano» de cada departamento, facultad o universidad.

---

30 <https://octaedro.com/libro/guia-practica-de-ambientalizacion-curricular/>.

ALGUNAS CONCLUSIONES, SIEMPRE INCOMPLETAS

> Nadie es ambientalista de nacimiento. Es solo tu camino, tu vida y tus viajes lo que te despierta.
>
> Yann ARTUS-BERTRAND

> No hay economía ni tecnología ni política ni sociedad sin naturaleza y sin cuidados.
>
> Yayo HERRERO

> La sostenibilidad simula una interacción de poliedros ecosociales de hechuras diversas, que nunca exhiben las mismas caras.
>
> Carmelo MARCÉN

Alianzas de deseos ecosociales

A lo largo de estos artículos se han mostrado ciertas dolencias del sistema Tierra, que sostiene cada vez más el peso de los humanos. Con las ideas expresadas se puede componer una especie de incompleto diagnóstico, pero también se ha hablado de la fuerza que puede tener la fragilidad demostrada de los problemas concretos. A partir de la constatación de la realidad emergida, se ha de intentar llevar a cabo la transición hacia un modelo de vida diferente. Siendo sincero me cuesta finalizar con acierto la sostenibilidad expresada, porque si por algo se caracteriza es por su entropía permanente, por sus diferentes enfoques, por caducidades y olvidos, y, por qué no decirlo, porque cada vez somos menos gente la que la tomamos en serio. Llevo tanto tiempo explorando el comportamiento socioambiental que ya no sé si voy o vengo, si lo que digo tiene validez con el paso de los años, si es posible en estos momentos en los que las democracias europeas se recargan con partidos intransigentes con lo que sería el compromiso colectivo que sostiene un futuro menos desigual.

Conviene recordar aquello tan claro que aprendí de una de las principales fuentes de mi formación. El extraordinario narrador y naturalista David Attenborough nos recordaba una y otra vez la interconexión entre la salud del planeta y nuestra propia existencia —incluidas economía, salud, territorio, medio ambiente, estabilidad social en democracia, cadena alimentaria, etc.). Frente a aquel bienintencionado eslogan de *Salvemos el planeta,* él subraya la fragilidad de nuestra posición como especie y destaca que la Tierra perseverará, pero nuestra supervivencia depende de decisiones conscientes. Exige tal cambio cultural y económico-social que no sé si llegaremos a tiempo. Primero, en la cuestión climática, sometida todavía a muchas controversias de las que nos avisa la OMM (Organización Meteorológica Mundial, WMO por sus siglas en inglés) en su informe sobre el Estado del clima global,[1] en el que urge a actuar de inmediato y con medidas contundentes. Por si lo anterior no fuera suficiente solamente siete países (Australia, Estonia, Finlandia, Granada, Islandia, Mauricio y Nueva Zelanda) cumplen con el límite establecido por la OMS para las pequeñas partículas en suspensión.[2] Los datos de cada país están accesibles en

---

1   <https://library.wmo.int/records/item/68835-state-of-the-global-climate-2023>.
2   <https://www.theguardian.com/environment/2024/mar/19/air-pollution-health-report>.

IQair.[3] Además, hay otras muchas cuestiones que nos preocupan: en este momento hasta la Unión Europea está levantando ciertas restricciones al uso de productos presuntamente cancerígenos como el glifosato.[4]

Por eso pido disculpas por los momentos en los que haya asomado cierto escepticismo. Al decir de otro de mis mentores, José Saramago, «estamos destruyendo el planeta y el egoísmo de cada generación no se molesta en preguntar cómo van a vivir los que vienen después. Lo único que importa es el tiempo de hoy. Esto es lo que yo llamo la razón de la ceguera». Mientras nos despertamos, agarrémonos a aquello que nos aconsejaba la activista socioambiental Wangari Maathai, Premio Nobel de la Paz. Expresaba que cada pequeña acción por el socioambiente realmente importa, pues ayuda a construir un mundo en el que quieres vivir mejor en relación con los demás.

Así pues, aparecen dos escalas de acción: el complejo planetario y la acción positiva individual. Y eso no es todo, la vida cambia a la velocidad de vértigo, tal que nos resulta desconocido el momento en el cual nos encontramos. Llegados a este punto, como quienes hayan leído los artículos ya habrán formalizado una idea general del pensamiento y los sentimientos del autor, debo aislarme de mí mismo y sugerir conclusiones de otros. Los tres últimos artículos de esta recopilación van destinados a chequear un entramado universitario: lo que puede pensar el alumnado, los diagnósticos y propuestas de un grupo de investigación sobradamente representativo y la aportación en forma de proyectos realizados en Andalucía liderados por la Universidad de Granada.

En realidad, lo que escribo a continuación mezcla propuestas con deseos, frustraciones con esperanzas. Volviendo a Maaluf, también afirmaba que «no hay naufragio posible que no sea evitable». Al mismo tiempo, nos invita a oponernos a esa creciente idea mundial que va contra la sostenibilidad global: «Nunca dejaré de oponerme a la idea de que las poblaciones que tienen lenguas o religiones diferentes harían mejor en vivir separadas entre sí. Nunca me decidiré a admitir que la etnia, la religión o la raza sean cimientos legítimos para edificar naciones». Nos invita a que

---

3   <https://www.iqair.com/>.
4   <https://es.euronews.com/my-europe/2023/11/16/bruselas-permite-el-uso-de-glifosato-en-la-ue-durante-10-anos-mas-despues-de-que-los-estad>.

demos prioridad a lo que compartimos —lo cual no significa romper identidades culturales ni mundos propios— sin perjuicio de la natural diversidad que nos separa; y que esta es siempre mejor solución que la contraria.
Recordemos los vértices interactivos sobre los que fundamentaba *El desajuste del mundo:* Las victorias engañosas, Las legitimidades extraviadas y
las certidumbres imaginarias. Si sabemos interiorizarlas y combinarlas en
nuestros modelos sociales, conseguiremos evitar los naufragios totales; así
el mundo sería menos desmesurado. Algo más pertrechado de ética.[5]

Con todo, me he propuesto un final relajante y proactivo: poner en
danza los deseos en forma de esperanzas bien elaboradas. Como carezco de
esa destreza, he vuelto a Greencomp.[6] Tanto que voy a copiar casi textualmente sus recomendaciones en un contexto de competencias individuales o
colectivas. Imaginemos una universidad que quiere implicarse totalmente
en el cambio conceptual y actitudinal que supone una vida sostenible, una
gestión ambiental acorde. Necesita una serie de competencias básicas:

1. Asumir la complejidad de la sostenibilidad. Precisa un pensamiento sistémico, un pensamiento crítico y una contextualiza-
   ción de los problemas a los que se enfrenta.

2. Prever futuros sostenibles. Imprescindible una bien fundamentada capacidad para la proyección de futuro, la necesaria adaptabi-
   lidad, un pensamiento exploratorio.

3. Actuar a favor de la sostenibilidad. Se consigue si hay una actuación política acorde, una sostenida acción colectiva, además de
   una actuación individual.

Todo ello en el contexto de la sostenibilidad global, sin una forma fija
porque sus caras visibles no coinciden, como las caras de los poliedros que
escenifican estas conclusiones finales. Será porque las culturas o políticas
desmesuradas que buscan la afirmación del yo o nosotros (lo que nos con-

---

5 P. Brunet (2023). «Dosieres ecosociales. Ciencia, ética y paz. Historias desde el
valle de los límites». FUHEM educación + ecosocial. <https://www.fuhem.es/2023/12/11/
dosier-ecosocial-ciencia-etica-y-paz>.
6 Comisión Europea, Centro Común de Investigación, *GreenComp, El marco europeo de competencias sobre sostenibilidad,* Oficina de Publicaciones de la Unión Europea,
2022. <https://data.europa.eu/doi/10.2760/094757>.

forma, nos engrandece e identifica) lleva al desprecio o la negación de los otros; borra todo lo anhelado por los tambaleantes ODS. Según lo que expresa la sostenibilidad sería mejor que se sustentase en la tolerancia y la edificación de un bien común; acaso en el ODS 17. Las necesarias alianzas para acercarnos a un mundo menos des(bar)ajustado. El planeta y su biodiversidad[7] siempre serán ecodependientes e interdependientes; un complejo mundo ecosocial. Ecosistema en continuo cambio en sus múltiples vectores, como se puede comprobar si se visita *Our World in Data,*[8] que en la cabecera de su página no puede ser más ilustrativa de sus intenciones: Investigación y datos para avanzar contra los mayores problemas del mundo.

Llegados a este punto, a este momento decisivo, hay que recuperar la trascendencia de los ideales y la grandeza de lo cotidiano. Quizás, sería el momento de acordar un nuevo Pacto Verde mejorado:[9] un acuerdo más ambicioso para la transición ecológica podría ser el fundamento de todas las fuerzas de progreso progreso, tras los resultados de las elecciones al Parlamento europeo. Hay que luchar para que no deje abandonados asuntos menos conocidos como el «uso cuestionable» de los biocombustibles.[10] Según Fuhem, con estos tres objetivos: Embarcarse sin demora en una renovación de la producción ecológica para la agroecología,[11] la industria y los servicios; restablecer la confianza de las clases medias y trabajadoras en su proceso de transición mediante la creación de un *pase climático*; acometer con ímpetu y sin demora un cambio radical de método porque la transición ecológica justa[12] exige que las pérdidas y los costes se repartan de forma equitativa y eficaz.

---

7   M. Aguado *et al.* (2024). «Dosieres ecosociales. Explorando vínculos entre la biodiversidad y la calidad de vida». FUHEM educación + ecosocial. <https://www.fuhem.es/2024/03/08/explorando-vinculos-entre-la-biodiversidad-y-calidad-de-vida/>.
8   <https://ourworldindata.org/>.
9   X. Desjardins, B. Badré, C. Monge *et al.* (2024). «Hacia un Pacto Verde mejorado». *El País* (20/03/2024). <https://elpais.com/opinion/2024-03-20/hacia-un-pacto-verde-mejorado.html>.
10   <https://iluc.guidehouse.com/images/reports/HILUC_Webinar_Phase_1_Slides.pdf>.
11   The Food and land use Coalition. <https://www.foodandlandusecoalition.org/knowledge-hub/future-fit-food-and-ag/>.
12   Acción contra el hambre e itd UPM (2024). «La transición justa: Un enfoque holístico para la sostenibilidad». *Revista Diecisiete,* núm. 10. <https://revista17.org/es/revista-diecisiete-10>.

Pero, tristeza nos provoca la Ley de Restauración de la Naturaleza de la UE de un 20 % de suelo y masas de agua, que pasó *in extremis* la votación en el Parlamento europeo; lleva camino de estancarse por la actitud de países como Hungría;[13] se dice que por las presiones de los agricultores y ganaderos. También, el hecho de que se ponga en duda la reducción de pesticidas o la retención de su regulación. Estas maniobras ponen en peligro la salud y el medioambiente. Tal como denuncia EDC FREE Europe.[14] Al tiempo, reflexionemos sobre aquello que nos legó, entre otras muchas ideas sublimes, Donella Meadows: «En la naturaleza nada existe solo».

Por otra parte, debemos tener presente si la Inteligencia Artificial (IA), que todo va a inundar, unir o desunir, puede servir para desarrollar un progreso real de los ODS a escala mundial. Queremos traer aquí la iniciativa francesa *SDG Prospector – La inteligencia artificial al servicio de la Agenda 2030*.[15] Desarrollado por el Departamento de Innovación e Investigación de la Agence Française de Développement (AFD). Así como la aventura ChatGPT,[16] que tienen ambas casi dos años de vida. Digamos que se abre todo un mundo inexplorado, con el que no contaba, sin duda, Maaluf, pero que puede usarse en beneficio global.

Ayudaría que la educación obligatoria y posobligatoria hiciese suya esa transición,[17] que llevase a cabo una lectura depurada mediante debates del ICCS 2022 (Estudio Internacional sobre Educación Cívica y Ciudadana).[18] También la educación informal o no formal de instituciones y grupos sociales que deberían echar una mirada continuada a UNEP (UN environment programme),[19] donde se recogen necesidades y propuestas varias que mejoran la cultura global.

---

13 <https://www.europarl.europa.eu/news/es/press-room/20240223IPR18078/nueva-ley-para-restaurar-el-20-del-suelo-y-el-mar-de-la-ue>.

14 <https://www.edc-free-europe.org/articles/european-developments/halting-the-pesticides-reduction-regulation-jeopardises-health-and-the-environment>.

15 <https://sdgprospector.org/>.

16 <https://www.afd.fr/fr/actualites/afd-intelligence-artificielle-ODD>.

17 C. Marcén (2023). «Las imprescindibles transiciones social y educativa hacia la Agenda 2030». *Revista Diecisiete*, núm. 8. Versión digital (47-62). <https://plataforma2030.org/images/R17/8/Diecisiete_N8_Completa.pdf>.

18 <https://www.libreria.educacion.gob.es/libro/iccs-2022-estudio-internacional-sobre-educacion-civica-y-ciudadana-informe-espanol_184019/>.

19 <https://www.unep.org/>.

Este relato quedaría incompleto si no dedicase un reconocimiento global al papel que las mujeres representan en el reajuste del mundo. Cuando redacto estas líneas se acaba de celebrar la CSW68 (Comisión de la Condición de la Mujer de las Naciones Unidas)[20] durante los días 11 al 22 de marzo de 2024. Allí se trataron cuatro aspectos fundamentales: luchar contra la pobreza, lograr la igualdad de género, fortalecer el papel de las instituciones y maximizar la financiación de políticas de igualdad. El documento final insiste en que se debe aumentar la asistencia oficial al desarrollo para combatir la pobreza entre mujeres y niñas. La proporción de la ayuda total con la igualdad de género como objetivo político cayó por primera vez en una década, del 45 % en 2019 al 43 % en 2020, según los últimos datos de la Organización para la Cooperación y el Desarrollo Económico (OCDE). La Unión Europea ha hecho suyo este empeño, pero aún quedan retos pendientes tal como se detalla en *Toute l'Europe.*[21]

En el contexto amplio y diverso donde este libro puede tener un cierto protagonismo, son imprescindibles alianzas entre las universidades, detentadoras de lo posible como Academia, pero, a veces, demasiado ensimismadas en la ciencia compleja, y alejadas de la sociedad de la que se nutre la investigación y la docencia universitaria; y que la mantiene económicamente. Siempre se está a tiempo de comenzar o profundizar esta obra colectiva que arrope a todos los seres vivos en su «bien ser y bien obrar», estilo E. Lledó, y de paso deje de incomodar al biodiverso planeta. Porque nos avisó este filósofo de visión universal de que «el día que perdamos la utopía volveremos a la caverna».

---

20   <https://www.unwomen.org/fr/nos-methodes/commission-de-la-condition-de-la-femme>.
21   <https://www.touteleurope.eu/economie-et-social/egalite-entre-les-femmes-et-les-hommes-ou-en-est-on-dans-l-union-europeenne/>.

MIXTURAS DE SOSTENIBILIDAD EN LOS ODS ALUDIDOS EN CADA UNO DE LOS ARTÍCULOS

GRANDES IDEAS, UNAS DE CERCA Y OTRAS QUE DAN LA VUELTA AL MUNDO

Título	Lugar y fecha de publicación	ODS aludidos
El desbarajuste del mundo.	*Heraldo de Aragón,* 22/01/2014	3, 8,10, 13, 16, 17
La pobreza en el ADN de los ODS	*La Cima 2030,* 16/07/2019	1, 2, 3, 4, 5, 6, 7, 8, 10, 11, 12, 13, 16, 17
La igualdad de género busca la Cima 2030	*La Cima 2030,* 23/07/2019	4, 5, 10, 16, 17
La UE suspende en sostenibilidad	*La Cima 2030,* 11-02-20	1, 2, 3, 4, 5, 6, 7, 8, 9, 10, 11, 12, 13, 14, 15, 16, 17
España balbucea en sostenibilidad	*La Cima 2030,* 18/02/2020	1, 2, 3, 4, 5, 6, 7, 8, 9, 10, 11, 12, 13, 14, 15, 16, 17
La incierta sostenibilidad de las comunidades autónomas	*La Cima 2030,* 25/02/2020	1, 2, 3, 4, 5, 6, 7, 8, 9, 10, 11, 12, 13, 14, 15, 16, 17
Renovación de siglo como odisea «odsiana»	*La Cima 2030,* 12/01/2021	8, 10, 16, 17
Sostenibilidad: el discreto encanto de la impostada modernidad	*Ecos de Celtiberia,* 4/03/2022	1, 3, 10, 11, 12, 13, 15, 16, 17
Reimaginar juntos nuestro futuro	*La Cima 2030,* 26/04/2022	4, 8, 10, 12, 13, 15, 16, 17
Cómo va el seguimiento de la acción climática	*Ecos de Celtiberia,* 27/11/2023	2, 7, 8, 9, 12, 13, 15, 17
Mirar solo hacia arriba	*Heraldo de Aragón,* 4/03/2022	16, 17
Sostenibilidad de plastilina	*Heraldo de Aragón,* 15/03/2023	6, 7, 10, 12, 13, 14, 15, 16, 17

Título	Lugar y fecha de publicación	ODS aludidos
Cultivar más tierra para alimentar: ¿cómo y a quién?	*Ecos de Celtiberia*, 24/04/2023	2, 12, 13, 14, 15
El CC se nos escapa. Informe sobre la brecha de adaptación 2023	*Ecos de Celtiberia*, 6/11/2023	3, 6, 8, 10, 13, 16, 17
Eurostat nos saca los colores de la sostenibilidad	*Ecos de Celtiberia*, 22/01/24	2, 3, 4, 8, 10, 16, 17
Incumplimientos contaminantes, ¿sin fecha de caducidad?	*La Cima 2030* 2030, 5/03/2024	3, 6, 7, 10,11, 16, 17

PEQUEÑOS ESCENARIOS DE ALTA TRASCENDENCIA ÉTICA

Título	Lugar y fecha de publicación	ODS aludidos
Ecología cada día	*Heraldo de Aragón*, 1/10/2019	4, 10, 12, 13, 16, 17
Mi pantalón en Togo	*La Cima 2030*, 12/12/23	4, 10, 11, 12, 16, 17
Sociedad silente	*Heraldo de Aragón*, 3/02/2023	3, 4, 5, 7, 10, 11, 12, 13, 18, 17
El lío de las renovables	*Heraldo de Aragón*, 6/02/2023	4, 7, 10, 11, 12, 16, 17
Lecciones de autoaprendizaje para entender la interacción con los plásticos	*La Cima 2030*, 6/06/2023	3, 4, 10, 11. 12, 13, 14, 16, 17
La basura asedia España mientras los españoles se hacen los suecos	La Cima 2030, 21/06/2023	3, 4, 8, 9, 11, 12 16, 17
Odio al medioambiente	*Heraldo de Aragón*, 8/08/23	6, 8, 11, 12, 13, 14, 15, 16, 17
El calor sufriente de los pobres	*Heraldo de Aragón*, 12/09/2023	1, 3, 5, 7, 10, 11, 12, 13, 14, 15, 16, 17
Letanías ambientales buscan ecologismo sostenido	*La Cima 2030*, 12/09/2023	6, 10, 13, 16, 17
El viernes negro elimina la sostenibilidad ¿Y en Gaza?	*Ecos de Celtiberia*, 4/12/23	7, 10, 11, 12, 13, 16, 17
Morir por querer vivir mejor, la tragedia de los migrantes	*Ecos de Celtiberia*, 15/01/24	1, 2, 3, 4, 5, 6, 10, 16, 17
Cerco a los microplásticos que enferman la salud, empujados por la insana acción política y empresarial	*La Cima 2030*, 16/01/2024	4, 6, 8, 9, 11, 12, 14, 15, 16, 17
Fatiga ambientalista	*La Cima 2030*, 30/01/2024	3, 4, 6, 8, 11, 13, 16, 17
Un no lugar sería Gaza	*El Asombrario & Co*, Público	3, 10, 11, 16, 17

INTERACCIÓN SOCIEDAD Y TERRITORIO

Título	Lugar y fecha de publicación	ODS aludidos
Al medioambiente se llega mejor moviéndose con soltura por la geografía	*Ecoescuela abierta,* 7/06/2018	12, 13, 14, 15, 16, 17
Sean bienvenidos da Vinci y Humboldt a nuestra escuela: son imprescindibles	*Ecoescuela abierta,* 8/11/2019	4, 13, 15, 16, 17
Batalla climática vs. libertad	*Heraldo de Aragón,* 3/03/2020	10, 13, 15, 16, 17
Derivas de contaminación: la pandemia permanente del aire contaminado	*La Cima 2030,* 15/05/2020	3, 7, 11, 12, 13, 16, 17
La España saturada frente a la vaciada	*La Cima 2030,* 15/12/2021	3, 7, 9, 10, 11, 13, 15
Siete ciudades en busca de la aureola climática	*La Cima 2030,* 17/05/2022	3, 8, 11, 12, 13, 16, 17
Ciudades sostenibles, verbigracia	*La Cima 2030,* 8/06/2022	6, 11, 16, 17
Paisajes elaborados, no consumidos	*Heraldo de Aragón,* 4/07/2022	4, 13, 14, 15, 16, 17
La sequía extraparlamentaria y etérea. Ensayo sobre la falta de lucidez	*Ecos de Celtiberia,* 17/04/2023	3, 6, 8, 11, 12, 13, 14, 15, 16, 17
La casi banalización de la naturaleza, en cualquier sitio.	*Ecos de Celtiberia,* 21/08/2023	3, 6, 11, 13, 15, 16, 17
Naturaleza sobrepasada.	*Heraldo de Aragón,* 10/06/2023	13, 15, 16, 17
La naturaleza fluye y emociona	*Heraldo de Aragón,* 5/06/2023	11, 13, 14, 15, 16, 17
Los impactos de las catástrofes naturales: señales de la relación sociedad y territorio	*Ecos de Celtiberia,* 7/08/2023	3, 6, 10, 11, 13, 14, 15, 16, 17
Calor sin reverso, la queja de los indolentes	*Ecos de Celtiberia,* 14/08/2023	3, 11, 13, 16, 17
Los límites del crecimiento global. Antecedentes	*Tercer Milenio,* 7/10/2023	1, 2, 3, 4, 7, 8, 9, 10, 12, 13, 16, 17
Límites actuales del crecimiento. Tiempos nuevos con antiguas inercias que ensombrecen el futuro	*Tercer Milenio,* 7/10/2023	1, 2, 3, 4, 5, 6, 7, 8, 9, 10, 11, 12, 13, 14, 15, 16, 17
Hierve la caldera de Pedro Botero	*Ecos de Celtiberia,* 9/10/2023	3, 13, 15, 16, 17
La COP28 y la salud	*Tercer Milenio,* 6/12/2023	3, 6, 8, 10, 11, 13, 16, 17
La megasequía puede llegar en unos años: ¿cuánto y hasta dónde?	*Ecos de Celtiberia,* 11/12/2023	2, 3, 6, 8, 10, 11, 12, 13, 16, 17
Emociones y paisajes esteparios	*Heraldo de Aragón,* 10/02/2024	7, 8, 11, 13, 15, 16, 17

CONTRIBUCIONES SOCIOAMBIENTALES
DE LA EDUCACIÓN OBLIGATORIA Y UNIVERSITARIA

Título	*Lugar y fecha de publicación*	*ODS aludidos*
La LOMLOE acoge la sostenibilidad	*Ecoescuela abierta,* 16/04/2021	4, 10, 16, 17
El rincón de pensar sostenibilidad en la escuela	*Ecoescuela abierta,* 23/02/2023	4, 5, 6, 13, 14, 15, 16, 17
La percepción y acción ambiental según PISA in FOCUS 120	*Ecoescuela abierta,* 7/09/23	3, 4, 11, 12, 13, 15. 16, 17
El valor de una Educación Ambiental	*Ecoescuela abierta,* 24/1/24	4, 15, 16, 17
La necesidad de una Educación Ambiental renovada; aquí y ahora	*Ecoescuela abierta,* 24/1/24	3, 4, 6, 7, 8, 11, 14, 15, 16, 17
Los jóvenes y el medioambiente: la poliédrica educación ambiental	*Ecoescuela abierta,* 24/02/24	4, 6, 12, 13, 15, 16, 17
La educación ambiental, formal o no, da poco fruto climático en los jóvenes	*Ecoescuela abierta,* 24/02/24	3, 4, 7, 13, 16, 17
Repensar lo avanzado hacia la Sostenibilidad en la Universidad	*Ecoescuela abierta,* 13/03/2024	3, 4, 6, 7, 11, 12, 16, 17
Los ODS como oportunidad para la educación superior	*Ecoescuela abierta,* 1/04/2024	1, 3, 4, 8, 10, 16, 17

NOTA FINAL

Aunque en algunos momentos se haya hecho hincapié en lo mucho que falta por recorrer, se han citado unos cuantos factores que permiten no perder la esperanza. Pero no se trata únicamente de organizar una nueva forma del entramado financiero y económico o un nuevo sistema de relaciones en lo más cercano o en la esfera internacional, que también. Se refiere a encontrar pronto una concepción del mundo que no se contente con el engarce moderno de ciertos problemas coyunturales más o menos añejos, sino que permita reflexionar sobre el presente y adelantarse a la resolución del retroceso que se anuncia, lo mismo provocado por la crisis climática que por el crecimiento de las desigualdades.

Se podría decir que todo lo que aquí se ha comentado es el resultado de lo aportado por muchas instituciones o personas. Me ha parecido oportuno incluir mis referencias, mis notas y sugerencias a pie de página. Por eso, siempre seré deudor de lo expresado sobre un tema o de las esperanzas formuladas, coincidan totalmente o no con mi visión particular. Debo agradecer esta publicación a la Universidad de Zaragoza, pues me ha permitido ordenar mis ideas en un libro.

ÍNDICE

II
PEQUEÑOS ESCENARIOS DE ALTA TRASCENDENCIA ÉTICA

III
INTERACCIÓN SOCIEDAD Y TERRITORIO

IV
CONTRIBUCIONES SOCIOAMBIENTALES
DE LA EDUCACIÓN OBLIGATORIA Y UNIVERSITARIA

Este libro se terminó de imprimir
en los talleres del Servicio de Publicaciones
de la Universidad de Zaragoza
en octubre de 2024

෬